アルキメデスの驚異の発想法

数学と軍事

上垣 渉
Uegaki Wataru

インターナショナル新書 077

はじめに

アルキメデスは古今無双の天才的な数理科学者として広く知られています。小学校の算数教科書などには、円周率がおよそ3・14であることを初めて発見した人物としてアルキメデスが紹介されています。また、中学校の理科教科書には、浮力に関する法則に関連して「アルキメデスの原理」が説明されています。

アルキメデスが生きた時代は、今からおよそ2200年以上も前の古代ギリシアの時代です。したがって、「今、なぜアルキメデスなのか?」と問いかけられるかもしれません。その問いに答えるためには、アルキメデスがどのような人物であったのかを語らなければなりません。

紀元前3世紀頃の古代ギリシアの学術世界はプラトン哲学の影響を強く受けていて、人びとの思考様式もその枠組みに縛られていました。そのような時代的制約をものともせず、豊かな発想力の翼に乗って、時代を飛び越えたのがアルキメデスでした。しかし、発想力がいかにすばらしいものであったとしても、それを実際的なもの、現実世界に通用するものにしなければ、それは単なる空想にすぎず、絵に描いた餅に終わってしまいます。

アルキメデスは自身の発想を絵に描いた餅に終わらせないために、優れた直観力を駆使して、その発想（アイデア）を実際場面に近づけたのですが、それとても、未だ直観の域にとどまっています。直観したものを厳密な論理によって実現させなければなりません。ここにアルキメデスの透徹した論理・論証力、そして緻密な計算力がいかんなく発揮されます。これらの論証力や計算力は、円の面積、球の体積の求め方、そして円周率の計算などに見事なまでに体現されています。

さらにアルキメデスは数理科学的に得られた結果を現実的な機械に仕立て上げる高度な技術力をも持ち合わせていました。アルキメデスは天文学者の父親の影響を受けて天文機器を製作するとともに、物を上げ下げするための昇降機や水を汲み上げるための揚水機などを発明して市民生活を豊かなものにしました。また、ローマ軍の侵略から自国を守るための防衛戦争で用いられたさまざまな軍事兵器の発明がアルキメデスの技術力の高さを物語っています。

このように、アルキメデスという人物は、

豊かな発想力

優れた直観力

透徹した論理・論証力

緻密な計算力

職人的な高度な技術力

という「5つの力」を兼ね備えていたと言えます。

これらの力は、知識や技術が多岐にわたり、複雑で不透明な現代社会においてこそ要求されるものではないでしょうか。本書ではアルキメデスに見られるこれらの力を具体的な事例に即して紹介しようと思います。

第1章ではアルキメデスの生涯と生きた時代について、そしてアルキメデスの交友関係などを紹介し、第2章でプラトン哲学の影響下におけるアルキメデスの思考法を概説しました。続いて、第3章ではアルキメデスの「第一の兵器」(軍事兵器)を、第4章では「第二の兵器」(数学兵器)を取り上げました。そして、最後の第5章ではアルキメデスの死のあらましを述べるとともに、アルキメデスが死の直前に解こうとしていた問題を推測しました。

読者の皆さんが本書を通して、アルキメデスを再発見していただくことができれば、望外の幸せです。さあ、ページを開いてみてください。

著　者

目次

第4章 究極の「数学兵器」
――アルキメデスの「直観、発想」の原点に迫る！

「数学兵器」は機械学の知識をフル活用していた
時代を超越した「反ギリシア的・数学の新兵器」／反ギリシア的思想――面積に重さがあるのか？／天秤は超時代的な秘密の「数学兵器」だった！
天秤を〝運動〟にまで進化させたガリレオ
アルキメデスの近代力学への影響／アルキメデスの天秤を発展させる
カヴァリエリこそ、アルキメデスの正統な後継者だ！
アルキメデス求積法の継承者・ケプラー／もうひとりのアルキメデスの継承者・カヴァリエリ／半球の体積をカヴァリエリの原理で／カヴァリエリの不可分法とアルキメデス

第5章

アルキメデスが最後に解こうとしたもの
――スーパー数学兵器は何であったか？

シラクサの陥落
ローマの剣・マルケルスの包囲網／アルキメデスの死に関する3つの異聞／マルケルスは本当にアルキメデスを助けようとしたのか？／おい、あんた、そこをどいてくれ！

プロローグ

なぜ、今、アルキメデスなのか?

――現代の課題を先取りしたアルキメデス

三大数学者としてのアルキメデス

三大数学者とは誰のことなのか?

数学者に、「3人だけ、数学史上で最もその発展に貢献した人物の名前をあげよ」と言われれば、おそらく、次の3人の名前をあげることでしょう。その3人とは、

アルキメデス（紀元前287頃～紀元前212）

ニュートン（1642～1727）

ガウス（1777～1855）

です。

もちろん、この3人以外にも立派な業績を残した数学者はたくさん存在しています。

たとえば、古くは三平方の定理でも有名なピュタゴラス（紀元前570頃～紀元前490頃）、『原論』を編纂したユークリッド（紀元前300頃、ギリシア語読みではエウクレイデス）、

代数学の父ディオファントス（250頃）、そして直交座標を発明したフランスのデカルト（1596〜1650）、18世紀の数学界のリーダーでもあったスイスのオイラー（1707〜1783）、群論の先駆的研究を行なったフランスのガロア（1811〜1832）、5次方程式以上には代数的な解が存在しないことを証明したノルウェーのアーベル（1802〜1829）、積分に名を残すドイツのリーマン（1826〜1866）などなど多士済々の顔ぶれです。

しかし、それでも数学の世界での「アルキメデス、ニュートン、ガウス」の存在は別格と言えます。この3人は数学だけを研究していたのではなく、天文学、物理学などの他分野にも造詣が深く、多彩な才能の持ち主だったという共通項もあります。

では、この3人の特徴・違いをあえてあげるとすると、それは何でしょうか。

ガウス

ガウスは生粋の数学者だった

三大数学者として最後に登場するガウスは、3人の中では、生粋の「数学者」と言えます。ガウスは1777年にドイツのレンガ職人の息子として生まれ、幼少の頃から天才的な才能を数学の分野で発揮してきました。たとえば、たった3歳で父親の計算ミスを指摘し、小学生の頃には先生が子どもたちに「1から100までの数の足し算をしなさい」という指示を出したのに対し、瞬時に「先生、できました。5050です」と答えたという、神童としてのエピソードが多数あります（数列の考えを使ったとされる）。

1796年3月、そのガウスが弱冠19歳にして、数学史にその名を残す偉業を成し遂げます。彼は「定木とコンパスだけの作図」で正17角形を描けることを発見したのです。これは古代ギリシアの時代から、未解決で難問と考えられていたのを、2000年ぶりに書き換える画期的な内容で、当時の数学界に衝撃を与えます。数学以外にもさまざまな才能に恵まれ、進路に悩んでいたガウスは、このとき、「数学」への道を歩むことを決意したといわれています。

1801年、ガウスは小惑星ケレスの正確な軌道を割り出し、ガウスの予測した位置で小惑星は再発見され、天文学の分野での名声も高まります。このときの功績で、わずか30歳にしてゲッチンゲン天文台の台長に就任し、以後、天文台長としてガウスはその生計を立てることになります。また、物理学方面でも「ガウス」という単位（磁気）が残るなど、多方面で活躍します。

しかし、ガウスが近代数学におけるほとんどの分野に大きな影響を与えたということを考えると、「ガウスは生粋の数学者だった」と筆者は考えています。

ニュートンは物理学者の顔をしている

ニュートンも、ガウスに負けず劣らず、数学から、天文学、物理学、化学（錬金術）、神学に至るまで、非常に幅広い分野で活躍した科学者ですが、ガウスを「生粋の数学者」と評するなら、ニュートンは「物理学者の顔が色濃い数学者」と言えるでしょう。

ニュートン

ニュートンがケンブリッジ大学に通っていた17世紀後半、ロンドンにペストの嵐が襲いかかっていました。14世紀のペストは「ヨーロッパの全人口の3分の1を死亡させた」と言われるほどの猛威をふるいましたが、ニュートンの時代もペストがロンドンを襲い、大学は休校となり、彼は故

ライプニッツ

郷ウールスソープへと戻ります。

静かな故郷で過ごしたこの１６６５年～１６６６年にかけて、ニュートンは自由に思索にふけることができ、この時期に、微分・積分（ニュートン自身は「流率法」と呼んだ）、光学、そして「万有引力」の着想を得ることになります。ニュートンの偉業のほとんどは、この２年間に着想を得たものであるため、「驚異の諸年」とか「創造的休暇」と呼ばれています。

こうして、ニュートンはライプニッツ（１６４６～１７１６）と並んで、「微積分学」を完成させたという意味で、数学への貢献は当然大きいと言えます。

しかし、それ以上に、「リンゴが落ちるのを見て重力の存在を発見した！」とされる、物理学におけるニュートン力学の確立、つまり「物理学者としての顔」のほうが大きいとみるべきでしょう。実際、ニュートンの微分は「速度・加速度」など物埋学に関係する「時間微分」を中心としたものでした。

ニュートンは、ケプラーの惑星の運動法則を数学的・力学的に解明し、天体の軌道が楕

フィールズ賞のメダルには
アルキメデスの横顔が

アルキメデス

円、双曲線、放物線（アルキメデスが「直角円錐切断」と呼ぶ曲線は「放物線」のこと）に分かれることを示したことでも知られています。

アルキメデスは「エンジニア」でもあった

では、本書の主人公であるアルキメデスはどう捉えればよいのでしょうか。

アルキメデスも数学、天文学などに通じている点では、もちろん他の2人にひけを取りません。実際、「数学のノーベル賞」といわれるフィールズ賞（4年に1度）の栄誉あるメダルに描かれている人物がアルキメデスであることからも、いかにアルキメデスが数学界で唯一無二の存在であるかがわかります。

ただ、筆者がアルキメデスのことをあえて現代流に評するなら、応用数学者、数理科学者、エンジニアだった——

となります。

ガウス同様、アルキメデスの果たした純粋で数学的な研究・貢献は燦然《さんぜん》と輝くものがありますが、「数学をいかに現実の世界に適用し、人間の生活に貢献していくか」という数学の応用面にまで通じた、きわめて異例の数学者だった、と筆者は捉えています。

実際、彼は数学の知識、物理学の知恵を学究的探索にのみ閉じこめることなく、その知識を動員して（本人にとっては片手間仕事だったようですが）さまざまな機械や道具を製作しました。

そのひとつが、シラクサ王ヒエロン2世（紀元前306頃～紀元前215）に依頼されて設計・監督して建造した巨大船「シュラコシア号」です。シュラコシア号は古代のギリシア、ローマ時代を通じて最大の艦船といわれ、一説によれば、乗員600名以上、船内には庭園や神殿まで備え、観光・運輸・軍事などの目的で使用されたといわれています。

これくらいの巨大船になると、浸水が大きな問題となり、人海戦術で汲《く》み出して対応していたのですが、アルキメデスは「アルキメデスのスクリュー」と呼ばれる装置（ポンプ）を開発し、船底に溜まった海水を海へ吐き出すことにも成功していました。このスクリューはネジ構造を機械にはじめて導入した事例としても広く知られています。

さらに、アルキメデスはヒエロン2世から「軍事兵器」開発の依頼を受け、それらの設計にも着手しています。これは当時、世界制覇の野望を抱く超軍事大国であったローマ帝国からシラクサは侵略を受け、アルキメデスは市民を守るために彼自身が持つ数理科学的な知識を総動員して開発したと考えられます。これはあくまでも自己防衛のためであり、市民生活に貢献することを願ったものだと思います。結果的に、これらの兵器はローマのシラクサ侵入を防ぐことに一時的に貢献しました。

このようにアルキメデスが生きてきた時代背景も手伝って、ニュートン、ガウスに比べると、「エンジニア」としての側面をより色濃くもっていた数学者だった、といってよいでしょう。

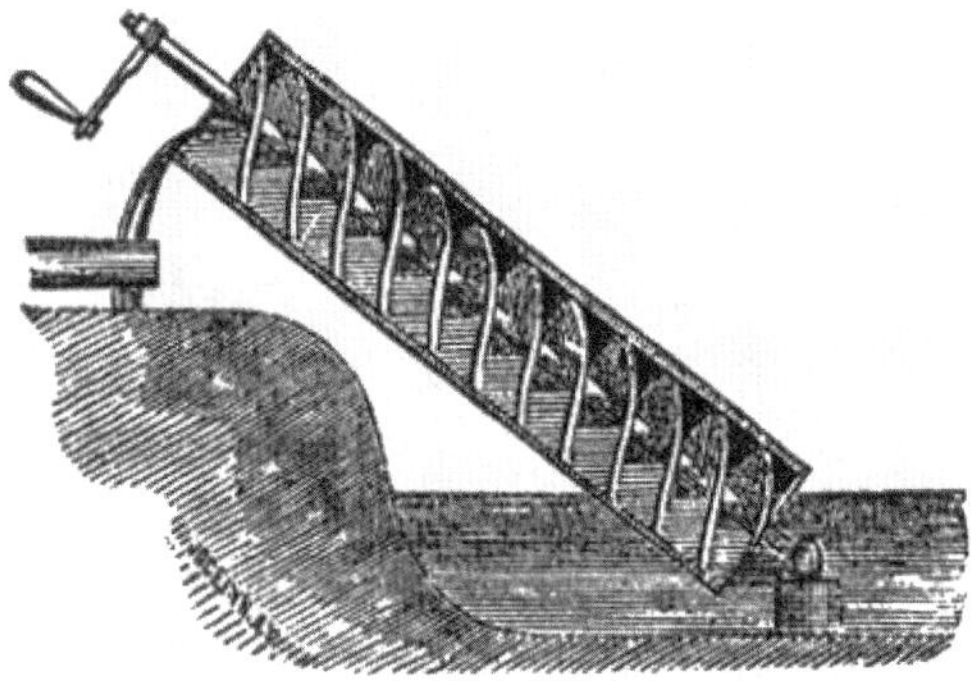

アルキメディアン・スクリュー

上図のように、「アルキメデスのスクリュー」は、筒の中に設けられたスクリュー（らせん状の面が中心の棒を包むようにつくられていた）によって構成されている。巨大船シュラコシア号の中のスクリューは、人力によって上部のハンドルを回していたと考えることができるが、通常は、風車、人力、牛などによって回される。

筒の中の軸が回ると、らせんの底面部分が一定の水をすくいあげ、回転するらせんによって、上部へと徐々に押し上げられ、やがて筒の上部から外部へと、水を排出するしくみ。

アルキメデス独特の「数学兵器」とは？

現在、数学の知識はコンピュータ、ＡＩ（人工知能）、フィンテック（金融＋技術）など、さまざまな産業分野に広がり、数学力がその国家の盛衰、企業の浮沈を決めるとまでいわれています。このような事例は、枚挙にいとまがありません。

アルキメデスは、いまから２２００年以上も前の人物ですが、現代の課題を先取りし、数学と現実社会の絆に焦点を当て、研究をしてきた人物なのです。

また、アルキメデスは「証明」する前に、その証明の「解」を独特な方法で事前に察知していた、といわれています。それこそ本書で扱うアルキメデスの２つ目の兵器であり、アルキメデスの数学を象徴する「数学兵器」です。

その〝目星〟をつける直観的方法および機械学的方法とはどのようなものだったのでしょうか。

アルキメデスの行なってきた独特の手法の数々は、複雑な問題を迅速に解決しなくてはいけない現代の人びとに、きっと大きな示唆を与えてくれるものと思います。

アルキメデスとはどのような人か、どのような秘密の兵器を駆使して生き抜いたのか、彼独特の叡智《えいち》を順に紐解いていくことにしましょう。

第1章

その男の名は「アルキメデス」

——アルキメデスの生きた時代とは？

瞑想するアルキメデス

アルキメデスの生涯

アルキメデスが歴史に登場

アルキメデスは紀元前3世紀の前半、イタリア半島の南端にほど近い、地中海に浮かぶシチリア島の都市国家「シラクサ」に生まれました。

シラクサを含むシチリア島は、現在、イタリア領に属しています。しかし、もともとはギリシアのコリント（あるいはコリントス）の住民が紀元前734年頃にシラクサの地に植民し、その地をギリシア語で「低湿地帯の側《そば》」を意味する〝スラコ〟と名付けたことから現在の「シラクサ」の名前に至っています。

シラクサは肥沃な土地をもち、地中海のほぼ中央に位置する交通の要衝にあたり、地中海貿易の一大中心地として、ギリシア植民地の中でも最も繁栄する都市国家（ポリス）に成長しました。日本語表記では「シラクサ」で定着していますが、イタリア語ではシラクーザ、ギリシア語ではシュラクサイ、あるいはシュラクなどと呼ばれることもあります。本書の中でも、参照する文献によってはシュラクサイなどの名前で登場するのは、そのためです。

ギリシア文化が色濃く残るシラクサには、歴史的遺跡がいまも数多く残っています。このため、２００５年には、シラクサ市内およびその周辺の歴史的建造物や遺跡が「シラクサとパンターリカの岩壁墓地遺跡」の名前で世界遺産に登録されています。アルキメデスはそんなシチリア島のシラクサに生まれ、生涯の活動をそこで終えました。

アルキメデスの生年の謎

アルキメデスが生まれたのは紀元前２８７年頃とされ、紀元前２１２年に死んでいます。死亡年は「紀元前２１２年」で確定していますが、生年が「頃」とされているのはなぜでしょうか。それは「死亡年から年齢を逆算して推定した年」だからです。

アルキメデスは第二次ポエニ戦争（ローマとカルタゴの３回の戦争のうち、２番目の戦争）の際、カルタゴに味方したシラクサがローマ軍の攻撃によって陥落（紀元前２１２年）し、市内になだれ込んだローマ兵によって殺されています。このため、死亡年は「紀元前

212年」と確定して間違いないでしょう。

では、なぜ生年は「紀元前287年頃」という推測なのでしょうか。それはアルキメデスの生涯について、12世紀の歴史家ヨハンネス・チェチェーズ（1110頃～1180頃）の『歴史叢書《そうしょ》』に、次のような記載があるためです。

「あの有名な機械の製作者である賢者アルキメデスはシュラクサイの出身で、老齢の幾何学者として七十五年の生涯を保った」

(Ivor Thomas, *GREEK MATHEMATICAL WORKS* II, Loeb Classical Library, p.19)（注1）

アルキメデスの年齢に関する、この唯一の記述（それも12世紀の記述）から、アルキメデスの死亡した紀元前212年から逆算して、75年前を生年として「紀元前287年」と推定し、このため生年については「頃」がついているのです。当然、生年については正確とは言えませんが、さまざまな文献から察するところ、亡くなるときには老人であったことは間違いないようです。

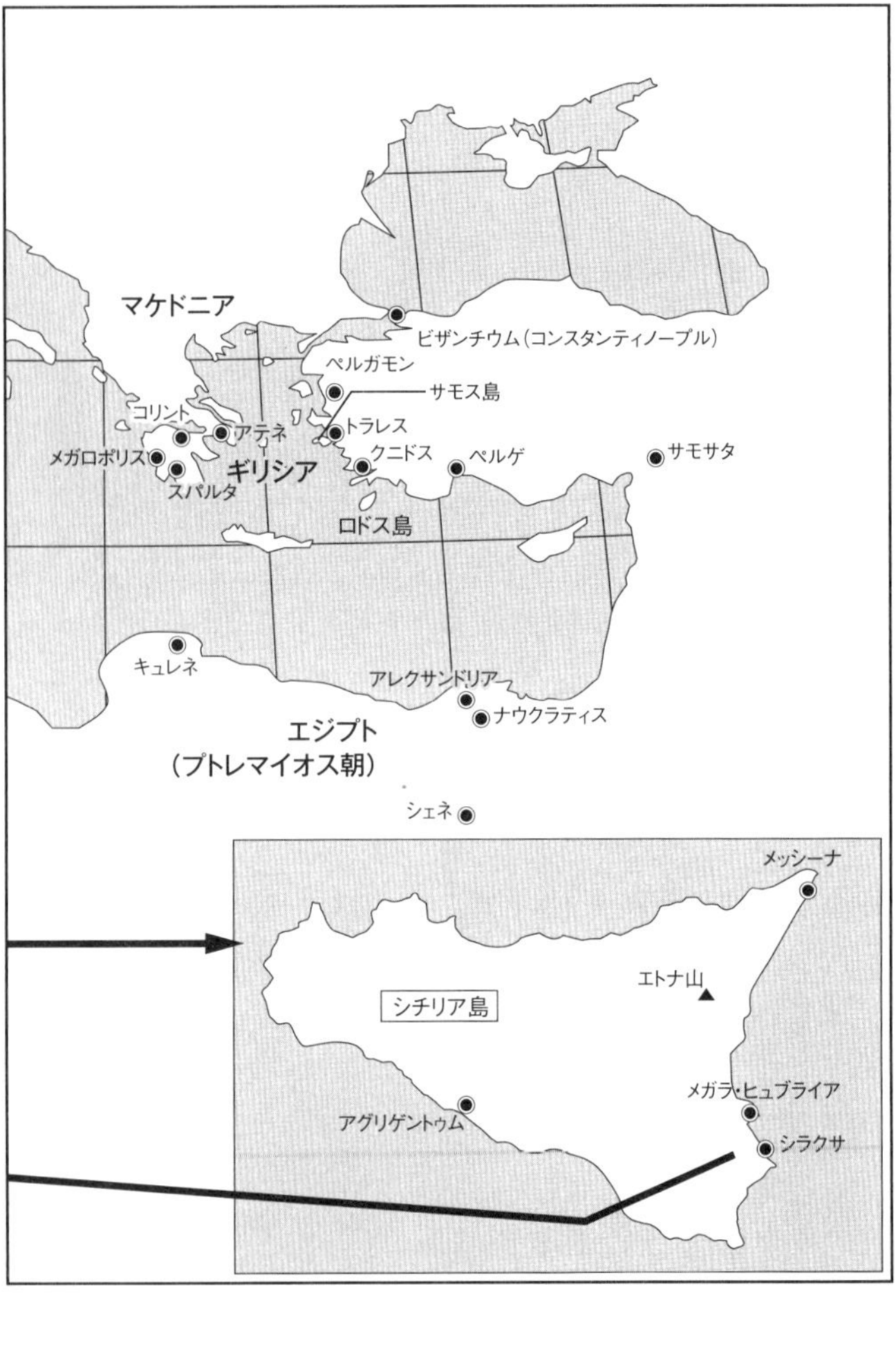

マケドニア
ビザンチウム(コンスタンティノープル)
ペルガモン
サモス島
コリント
アテネ
トラレス
メガロポリス
クニドス
ペルゲ
サモサタ
ギリシア
スパルタ
ロドス島
キュレネ
アレクサンドリア
ナウクラティス
エジプト
(プトレマイオス朝)
シエネ
メッシーナ
エトナ山
シチリア島
メガラ・ヒュブライア
アグリゲントゥム
シラクサ

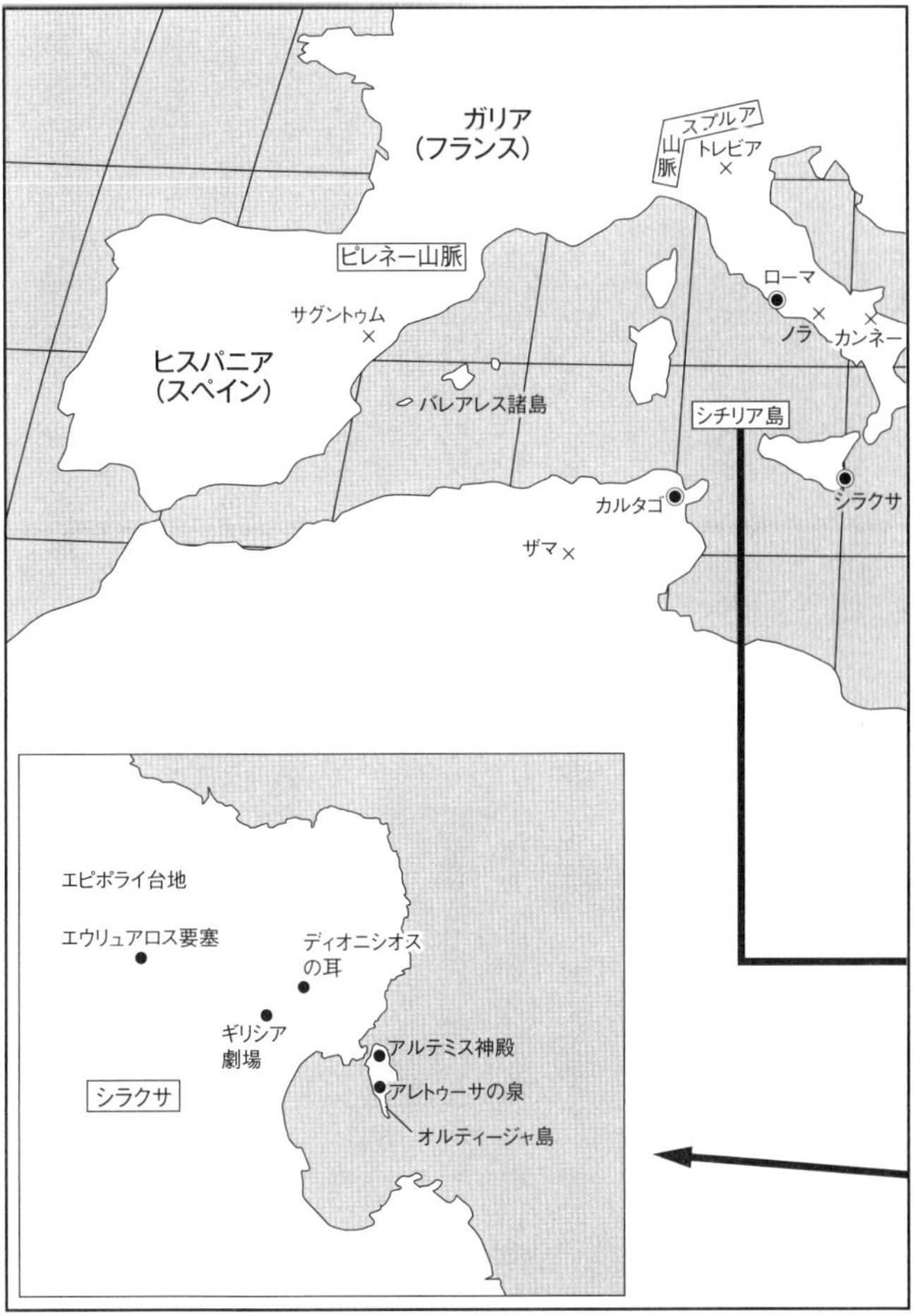
ガリア
（フランス）
スプルア
山脈
トレビア
ピレネー山脈
ローマ
サグントゥム
ノラ
カンネー
ヒスパニア
（スペイン）
バレアレス諸島
シチリア島
カルタゴ
シラクサ
ザマ
エピポライ台地
エウリュアロス要塞
ディオニシオス
の耳
ギリシア
劇場
アルテミス神殿
シラクサ
アレトゥーサの泉
オルティージャ島

天文学者としてのアルキメデスの顔

次に、アルキメデスの家族について見てみましょう。母親は定かではなく、兄弟姉妹、妻帯していたかどうかも不明ですが、唯一、父親だけは判明しています。アルキメデスの父親は天文学者で、プェイディアスという名前であったとされます。なぜわかっているかというと、アルキメデス自身が、その著作『砂粒を算《かぞ》えるもの』の中に次のような記述を残しているからです。

「太陽の直径は月の直径のほぼ30倍で、それ以上ではないということです。もっとも、古い時代の天文学者たちのうち、エウドクソスがほぼ9倍と、私の父プェイディアスが（傍点は筆者）じつにほぼ12倍と主張しましたが、……」

(T. L. Heath, *The Works of Archimedes*, Dover Publications, p.223)（注2）

天文学者の父をもったためか、アルキメデスも当初は天文学者への道を歩み始めたようです。このことは4世紀にアレクサンドリアで活躍したパッポス（パッポス・ギュルダンの定理＝回転体の断面積と体積の関係の定理で知られる数学者）が、「アルキメデスが太陽、月、惑星の運動を模倣する器械についての書『球の製作について』を書いた」と記しているることからもわかります。この機械（器械）は「天球儀」と呼ばれるものです。

なお、前記『砂粒を算《かぞ》えるもの』には、古代ギリシアの数学者・天文学者のエウドクソス（紀元前400頃～紀元前347頃）は「太陽の直径は月の直径のほぼ9倍」とし、プェイディアスは「12倍と考えていた」と当時の知識で書かれていますが、現在、私たちは「太陽は月の直径に比べて400倍の大きさ」であることを知っています。


他にも、「ローマの剣」と称され、第二次ポエニ戦争ではシラクサを攻略したローマ軍の将軍マルケルスが「アルキメデスのつくった天球儀を2基持ち帰った」という話も伝わっています。17世紀になってヨーロッパで望遠鏡が発明されるまで、天球儀は天文学者にとって天球上の星の配置を決定するためにはなくてはならない重要な道具でした。

なお、マルケルスがアルキメデスのつくった天球儀を持ち帰ったことについては、ローマの政治家であり、文筆家、哲学者としても名高いキケロ（紀元前106～紀元前43）が残した記録にも書かれています。キケロは紀元前75年に、シチリア島に財務官として赴任しています。

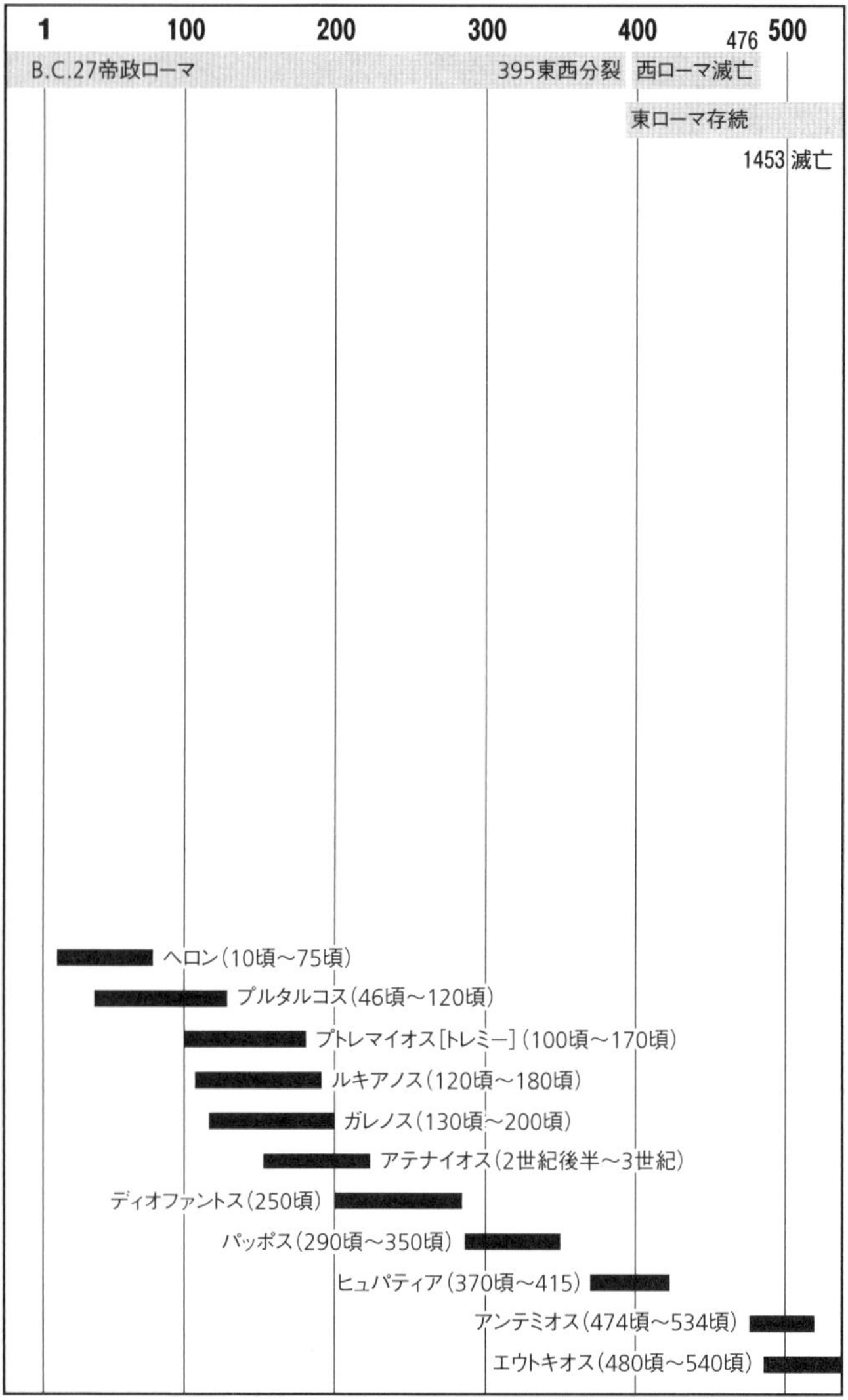
1
100
200
300
400
476
500
B.C.27帝政ローマ
395東西分裂
西ローマ滅亡
東ローマ存続
1453 滅亡
ヘロン（10頃～75頃）
プルタルコス（46頃～120頃）
プトレマイオス［トレミー］（100頃～170頃）
ルキアノス（120頃～180頃）
ガレノス（130頃～200頃）
アテナイオス（2世紀後半～3世紀）
ディオファントス（250頃）
パッポス（290頃～350頃）
ヒュパティア（370頃～415）
アンテミオス（474頃～534頃）
エウトキオス（480頃～540頃）

アルキメデスを中心とした古代ギリシアの略年表

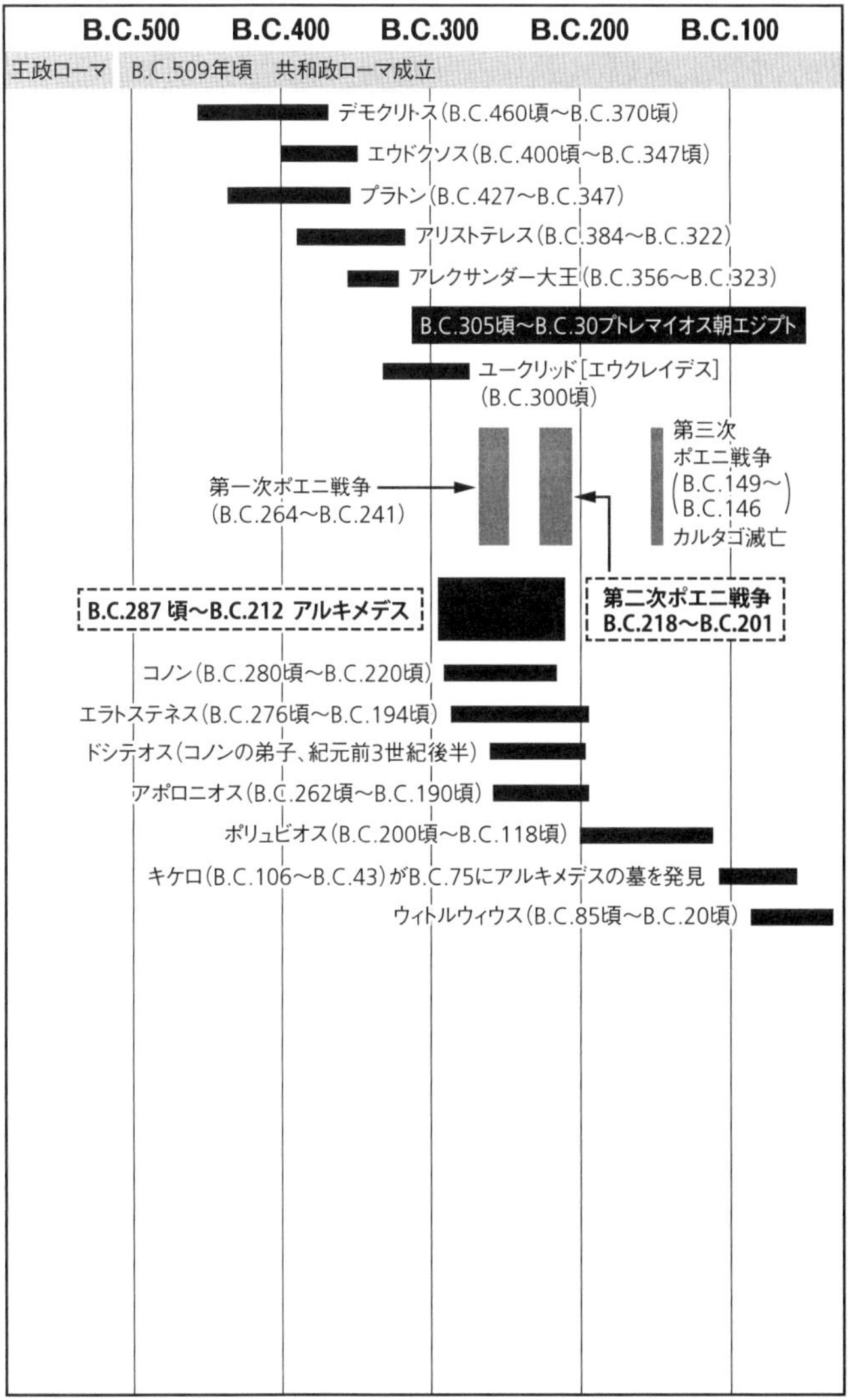

キケロの記録には次のように書かれていました（引用文中の「遊星」と「惑星」とは同じもの）。少し長くなりますが、引用してみましょう。

「マルクス・マルケッルス（マルケルスのこと：筆者）の祖父がシュラークーサイ（シラクサ：筆者）を占領したさいにそのきわめて富裕な美しい都からもち帰った天球儀――彼は多くの戦利品の中からほかに何一つ家へもち帰らなかったので――を見せてもらいたいと頼みました。わたしはアルキメーデースの名声のゆえにこの天球儀のことはしばしば聞いてはいましたが、その形自体にはさほど感心しませんでした。というのは、同様にアルキメーデースによって作られたもので、同じマルケッルスがウィルトゥースの神殿に奉納した天球儀のほうがより立派で、また一般にもっと有名だったからです。

（中略）

この種の天球儀は、その中に太陽と月と、遊星または惑星と呼ばれる五つの星の運行が印されていましたが、そのような配置はもう一つの、中が詰まっている天球儀に示すことができなかったそうです。そして彼がアルキメーデースの発明で感心したのは、一回の回転が不同の、さまざまな軌道を、まったく異なった速度で動く状態で示す工夫がなされた点でした」

（キケロー著／岡道男訳「国家について」『キケロー選集　8』岩波書店、pp.23-24）

また、アルキメデスから300年以上経った頃、アレクサンドリアで数学、天文学、占星学、音楽など多岐の分野で活躍したプトレマイオス（100頃～170頃、英語読みでトレミーとも呼ばれる）が現れました。彼は古代ギリシアの天文学を集大成して『アルマゲスト』を著述し、天動説を唱えたことで知られています。この天動説は近代になってコペルニクスが唱えた地動説が認められるまで、長きにわたって信じられてきました。

プトレマイオス

このプトレマイオスは、古代ギリシアの天文学者ヒッパルコス（紀元前190頃～紀元前120頃）が得た結論を次のように紹介しています。

「これらの観測によれば一年の長さに於ける変化は殆どないということが明かに証明される。二至（夏至と冬至のこと：筆者）に関しては、アルキメデスも私も、二至の観測や計算に於て1／4日までも間違っているというほどに失望していない」

（プトレマイオス著／藪内清訳『アルマゲスト』恒星社厚生閣、p.110）

この記述を見ても、アルキメデスがいかに天体観測や天文計算に精通していたかを知ることができます。ヒッパルコスは現代の88星座のうち、46星座を決定したことでも知られています。

機械製作者としてのアルキメデスの顔

ところで、アルキメデスが天体を観測しようとすれば、当然、天体観測用のさまざまな器械（機械）が必要となってくるはずです。とすれば、アルキメデス自身、それら観測機械の製作にも直接、あるいは間接に携わっていたと考えておかしくありません。おそらく、アルキメデスは天体観測機器だけでなく、しだいに機械全般にまで関心を広げるようになり、現在知られているような、「機械学」の研究者としての顔ももつようになったのではないでしょうか。

とりわけ、天秤、梃子《てこ》、滑車、ネジなどを駆使し、後で述べる投石機、巨大な鉤爪《かぎづめ》、天球儀、巨大船、スクリューなど、多くの実用的なものをつくったと考えられます。

機械の製作に長《た》けていたことについては、前述のチェチェーズが「あの有名な機械の製作者である賢者アルキメデス」（本書31ページの引用文を参照）と述べていることからも明らかでしょう。

こうして、アルキメデスが天文学・機械学からスタートしたとすれば、その分野の著作があっても不思議ではありません。実際、「ヘロンの公式」で知られるヘロン（1世紀のアレクサンドリアの数学者）、あるいはパッポス（前出）によれば、アルキメデスには、『機械学』『釣り合いについて』『天秤について』『円の周囲について』などの著作があった、と証言しています。ここで彼らが「あった」と過去形で書いているのは、残念ながら、これらアルキメデスの著作は当時すでに、残っていなかったためでしょう。

ヘロン

（注1、注2）本書で引用した、

Ivor Thomas, *GREEK MATHEMATICAL WORKS* II, Loeb Classical Library

T. L. Heath, *The Works of Archimedes*, Dover Publications

の2点については、三田博雄訳「アルキメデスの科学」（世界の名著9『ギリシアの科学』田村松平責任編集、中央公論社に所収）の訳文を参考にしました。以下についても同様です。

アルキメデスが書簡を送った相手

なぜ、アルキメデスはドシテオスに書簡を送ったのか？

アルキメデスの著作について説明する前に、当時の「著作」の形態について少し説明しておきましょう。実は、「アルキメデスの著作」という場合、それらは必ずしも今日でいう「書籍」の形を取っていたわけではなく、その多くは「書簡」という形でアルキメデスの書いた著作、証明などが残っているのです。

アルキメデスには非常に有能な天文学者、数学者のコノン（紀元前280頃～紀元前220頃）という友人がいましたが、差し出した相手のひとりは、コノンの弟子・ドシテオス（紀元前3世紀後半）です。もうひとりは、同じく天文学者、数学者として名高いエラトステネス（紀元前276頃～紀元前194頃）でした。

ところで、いま名前の出てきた「ドシテオス」という人物を読者はご存じだったでしょうか。実は、今日の私たちからすると、ドシテオスはほとんど無名の数学者で、「紀元前3世紀の後半に生きたらしい」程度のことしかわかっていません。

アルキメデスほどの人物が、大切な著作をドシテオスという人物に送っていたのは、他でもなく、アルキメデスが頼りにしていたコノンが早逝したため、その弟子ドシテオスに代わりに送っていたという事情がありました。

コノンの代役としてのドシテオス

コノンはギリシアのイオニア地方のサモス島に生まれ、後にエジプトのアレクサンドリアでプトレマイオス3世に仕えた、非常に有能な天文学者でした。年齢はアルキメデスよりも7歳ほど年下、と考えられています。

コノンはアレクサンドリアに移る前にシチリア島で天体観測を行なっていました。おそらく、この時期にアルキメデスとコノンは親交を結んだのではないか、と推測されています。コノンは数学者としてとても有能で、アルキメデスにとっても自分の議論の相手として申し分なかっただけに、コノンが早くに亡くなったのは残念だったでしょう。その後、アルキメデスはコノンの弟子ドシテオスに宛てて書簡（著作）を送るようになり、それが現在まで残っているわけです。アルキメデスとしては、ドシテオスを相手にするのは、かなり不本意だったに違いありません。

エラトステネスの業績

もうひとりのアルキメデスの相手、エラトステネスは、現在のリビアのキュレネに生まれ、エジプトのアレクサンドリアやアテネで学んだギリシアの数学者・天文学者であると同時に、多方面の分野に秀でた博学の人でした。また「地理学の父」とも呼ばれています。アルキメデスよりも10歳ほど年下と見られています。

エラトステネスといえば、「素数」を簡便に見出す方法、つまり「エラトステネスの篩《ふるい》」で有名です。また、地球の大きさを初めて計測した人物としても知られています。

エラトステネスは、地球の大きさを次のようにして計測したとされています。

・夏至の日、エジプトの都市シェネ（現在のエジプト、アスワン市）には太陽の光が井戸の底にまで届くこと（南中する）
・同日、同じ経度のアレクサンドリア（シェネのほぼ真北）での日時計の角度が7・2度

であること
・シエネ～アレクサンドリアの距離が５０００スタディアであったこと
等々から、２つの都市の距離を50倍すれば「地球の1周（大円7.2°×50＝360°）」を測れることに気づいたわけです。つまり、
50×5000＝250,000スタディア
です。古代の１スタディアの長さにはいくつかの説がありますが、１スタディア＝１８５ｍとすれば４万６２５０㎞になり、１スタディア＝１５７・５ｍとすれば３万９３７５㎞です。これは赤道方向での周囲が約４万75㎞（地球の赤道半径は約６３７８・１３７㎞）、極方向での周囲が約３万９９４０㎞（地球の極半径は約６３５６・７５２㎞）という地球の周囲の長さと比べても、十分な精度と言えるでしょう。
また、エラトステネスは紀元前２４５年（30歳頃）には、アレクサンドリアの第３代図書館長にも就任しています。コノンやドシテオス、エラトステネス、さらに後世の有能な学者たちも、この学術・文化の中心地アレクサンドリアで研究に従事していました。アレクサンドリアは古代において、世界中の叡智《えいち》が集まる、特別な都市だったのです。

エラトステネスの考えた地球の計測法

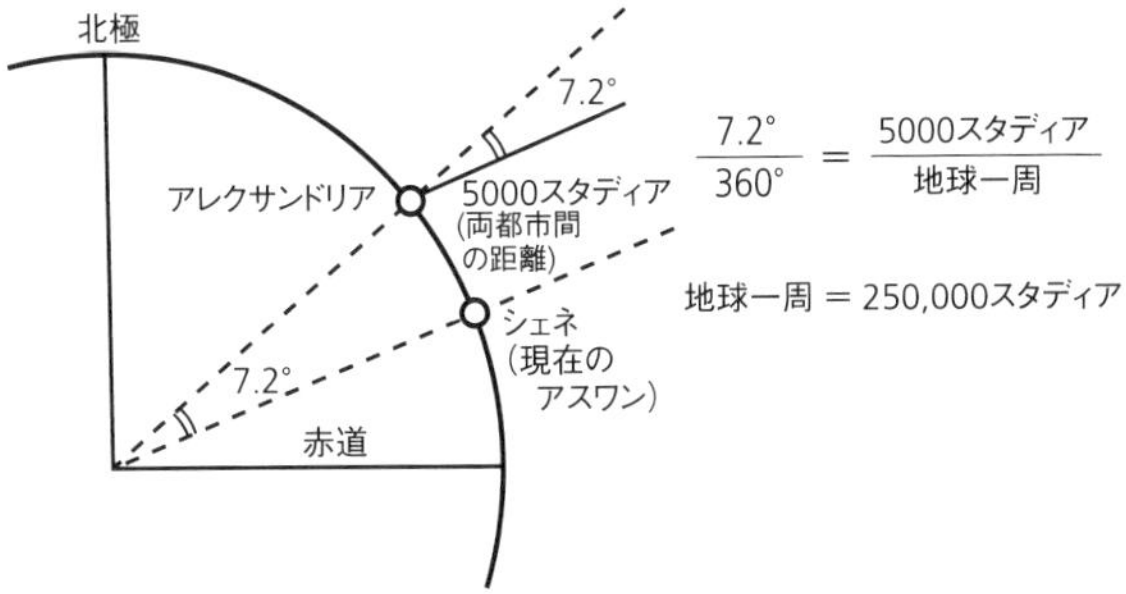

素数を判定する「エラトステネスの篩」

1は素数ではない。2は素数、2の倍数を消していく。
3は素数、3の倍数を消していく。4は2の倍数として、
すでに消えている。5は素数、5の倍数を……こうして
素数を見出していく方法が「**エラトステネスの篩**」。

コラム　アレクサンドリアのムーセイオン、ヒュパティアの悲劇

アレクサンドリアは、紀元前331年にマケドニアのアレクサンダー大王（紀元前356〜紀元前323）によってエジプトに築かれたギリシア風の都市です。大王の死後、マケドニアは分裂し、その後、アレクサンドリアはプトレマイオス朝エジプト（紀元前305年頃に成立）の首都となり、50万人〜80万人とも言われる人口を擁した古代最大級の都市です。

アレクサンドリアはギリシア風の精神のもと、学術・文化の中心的都市として繁栄しました。なかでも、世界七不思議のひとつファロス島の大灯台、さらにはプトレマイオス1世が私費を投じて建設した「ムーセイオン」（ミュージアム＝博物館の語源となった）が広く知られています。

このムーセイオンに付設された形のアレクサンドリア図書館には、なんと70万冊に及ぶ書籍が所蔵され、古代最大の規模を誇りました。

しかし、コノンやエラトステネスが図書館で学んだ600年後、東ローマ帝国の皇帝

アレクサンドリア図書館

であったテオドシウス1世が、エジプトにおける非キリスト教の宗教施設・神殿を破壊する許可を与えたことで、391年にはアレクサンドリア図書館がキリスト教徒によって破壊され、書物も失われます。

テオン（最後のアレクサンドリア図書館長）の娘ヒュパティア（370頃〜415）は数学、天文学、哲学に秀でていた存在でしたが、415年にはさらに暴徒化したキリスト教徒に惨殺されるという悲劇が起きました。このヒュパティアの無残な死が、数多くの優秀な学者をアレクサンドリアから去らせる契機となりました。

アルキメデスの憧れの地であり、多くの学者が集った古代の学芸・文化の中心地アレクサンドリアは、ヒュパティアの死とともに、その歴史的役割を終えたのです。

エラトステネスとの交友関係

アルキメデスはアレクサンドリアを訪れたことがあるのか？

アルキメデスが晩年に書いた有名な著作に『方法』があります（本書の数奇《すうき》な運命については後述）。正式には、『エラトステネス宛の機械学的定理についての方法』というもので、書名からもわかるように、エラトステネスに宛てた書簡の形式を取っています。

ところで、アルキメデスはコノンと同様に、エラトステネスとも面識があったのでしょうか。というのは、『方法』はアルキメデスの著作の中でもとくに異彩を放つものであるからです。そんな大事な著作を、いかにエラトステネスが著名な人物であったとしても、また、エラトステネスがアレクサンドリア図書館の館長という要職に就くような人物だったとしても、一面識もない相手に、最重要著作を書簡の形で送付するものかどうか。筆者には腑《ふ》に落ちない行動です。

そこで考えられるのは、以前より、アルキメデスとエラトステネスとは、親交を結んでいたのではないか、知り合いだったのではないかという〝想像〟です。もし筆者の想像通りであれば、

「アルキメデスは（シラクサを一時期、離れて）アレクサンドリアを訪れたことがある」という傍証にもなります。アルキメデスの憧れの地であり、古代の学術・文化の中心地であったアレクサンドリアの地に足を踏み入れた、と見て間違いないでしょう。

エラトステネスの天球儀

では、アルキメデスがアレクサンドリアを訪問したことがあるとして、それはいつ頃のことだったのでしょうか。

ここで筆者には思い当たることがひとつあります。それは「天球儀」です。天球儀については、エラトステネスが紀元前255年頃（20歳頃）、「人類史上、初めての天球儀（天球をかたどった模型）を製作した」と伝えられています。前にも述べたように、17世紀に望遠鏡が発明されるまで、この天球儀は天球上の星の配置を決定するために重要な道具でした。

アルキメデスと天球儀の関係について考えてみると、これも前述したパッポスの証言から、太陽、月、惑星の運動を模倣する機械についての書『球の製作について』をアルキメデスがすでに執筆していたことがわかっています。さらに、当時のアルキメデス（30歳頃）とエラトステネスの年齢（20歳頃）などを考慮すると、「当時、アレクサンドリアに滞在していたアルキメデスが、エラトステネスに天球儀に関するアドバイスを与え、その結果、『エラトステネスが天球儀を最初につくった』という栄誉を受けたのではないか？」という、そんな〝想像〟をすることが可能です。

エラトステネス

この〝想像〟にさらにもうひとつ情報を追加することもできます。それはアルキメデスのつくった天球儀は、ローマのマルケルス将軍がローマに２つ持ち帰っている、という事実です（キケロの記述、38ページ参照）。そうすると、アルキメデスの生誕を紀元前２８７年頃とし、30歳の頃にアレクサンドリアに出向いているとすれば、それは紀元前２５７年頃のことと推定できるのです。

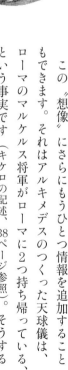

もちろん、天球儀だけではエラトステネスとアルキメデスとの間に面識があったとか、アルキメデスがアレクサンドリアに行ったことがあるという証拠にはなりません。けれども、ほかにも傍証があります。それはシチリア島生まれの歴史家ディオドロス・シクルス（紀元前1世紀）の『歴史叢書』に、「エジプト人のスクリュー」（別名、アルキメディアン・スクリュー、プロローグ参照）と呼ばれる揚水機に関する記述があることです。

「これはシュラクサイのアルキメデスが船でエジプトに渡来したときに発明したものである」

(Ivor Thomas, *GREEK MATHEMATICAL WORKS* II, Loeb Classical Library, p.35)

「エジプトに渡来した」とあります。ここでさらに想像をたくましくすると、シクルスのいう「船」とは、シラクサ王ヒエロン2世の求めに応じて、アルキメデスが設計・監督したとされる巨大船「シュラコシア号」のことかもしれません。なぜなら、このシュラコシア号はエジプトが飢饉に瀕《ひん》したとき、たくさんの積荷をシラクサからエジプトへ運んだ、とされているからです。なお、アルキメデスは、このシュラコシア号のために、アルキメディアン・スクリューと呼ばれる機械をつくったとされています（プロローグ参照）。

「この船の名は『シュラコシア』といったが、出港させるときにヒエロンは、それを『アレクサンドリス［アレクサンドレイアの婦人］』に変えた。……ヒエロンは、この船を贈り物として、アレクサンドレイアのプトレマイオス王に進呈しようと決断した。エジプトでは食糧不足が起こっていたからである。彼はその通り実行した」

（アテナイオス著／柳沼重剛訳『食卓の賢人たち　2』京都大学学術出版会、pp.250-251）

なお、前述したシクルスの文章について、アイバー・トーマス（1905〜1993、イギリスのジャーナリスト、学者）は『ギリシア数学著作集』において、次のような注釈をつけています。

「アルキメデスはアレクサンドリアのユークリッド（エウクレイデス…筆者注）の弟子・後継者

星の配置を示す天球儀

たちとともに研究に従事したことが推論できる。そして、たぶんサモスのコノンやキュレネのエラトステネスとも親交を結んだ」

(Ivor Thomas, *GREEK MATHEMATICAL WORKS* II, Loeb Classical Library, pp.34-35)

コノンとの再会、そしてドシテオスとの親交

すでに述べたように、コノンとアルキメデスの最初の出会いは、コノンがシチリア島で天体・気象観測を行なったときのこと（アレクサンドリアにコノンが居を定める前のこと）でした。ですから、アルキメデスがアレクサンドリアに渡ったとすれば、アレクサンドリアにおけるコノンとの出会いは、いわば「再会」と言えます。このとき、コノンの弟子ドシテオスとも親交を結んだ、と考えるのが自然でしょう。

さらに、『円錐曲線論』で有名な小アジア・ペルゲ生まれのアポロニオス（紀元前262頃〜紀元前190頃、ギリシアの幾何学者）もアルキメデスと同時代人です。アルキメデスがユークリッドの『円錐曲線原論』に倣って、

直角円錐切断

鋭角円錐切断

鈍角円錐切断
と呼んでいた曲線をそれぞれ、
放物線（パラボレー）
楕円（エレイプシス）
双曲線（ヒュペルボレー）
と命名したのはアポロニオスです。

アポロニオス

アポロニオスもまた、アレクサンドリアにおいてユークリッドの弟子たちに学んだとされています。誰もが、アレクサンドリアで学んだことがわかります。やはり、アレクサンドリアは古代ギリシア・ローマ世界における学術・文化の中心地であったということができます。

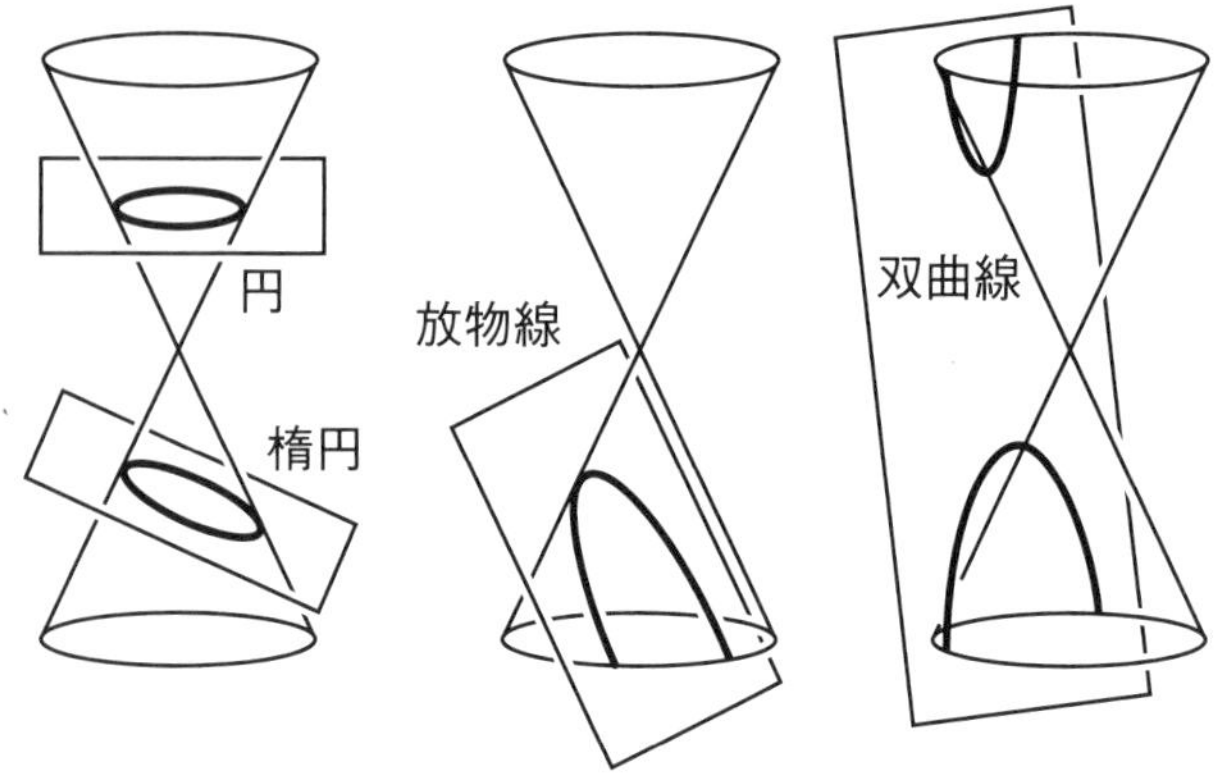

アポロニオスの円錐曲線

上の円錐に対し、
(左図)底面に平行に切れば「円」ができる。
斜めに切れば「楕円」ができる。
(中央図)母線に平行に切れば「放物線」ができる。
(右図)平行よりもさらに深い角度で切れば
「双曲線」ができる。

第2章

アルキメデスは何を発見したのか？

——アルキメデスの反ギリシア的思考法

ヘウレーカ、ヘウレーカ、何がわかったのか？

ヒエロン2世から依頼された難題

アレクサンドリアからシチリア島のシラクサに帰郷したアルキメデスは、その後はずっとシラクサで暮らし、研究と執筆に従事する生活を過ごしたようです。

当時のシラクサはヒエロン2世の治世下（紀元前269～紀元前215）にあり、アルキメデスはヒエロン2世の親族の一員でもあったと言われているほどの親しい仲でしたから、アルキメデスも自由気ままな研究生活を謳歌《おうか》できたのかもしれません。

あるとき、アルキメデスはこのヒエロン2世から難題を持ちかけられます。それは次のような内容でした。

「金細工職人に純金の金塊を渡し、黄金の王冠をつくるように命じたのだが、どうも、『金細工職人が金の量をごまかし、くすねた重さの分だけ銀や鉛を混ぜて王冠をつくった

風呂のあふれる水量がヒント?

らしい』という悪い噂《うわさ》がある。王冠の重さを量ったところ、最初に渡した金塊と同じ重さだった。アルキメデスよ、どうかこの王冠を壊すことなく、そなたの知恵でもって、この王冠が純金製なのか、それとも銀のような混ぜものが入っているのか、それを調べてくれないだろうか」と。

もし、金と銀を同量混ぜれば、色は変わってしまい、誰の目にもごまかしは明らかです。それに、最初に渡した金の重量と同じだといいます。

そうすると、金メッキのような形で、上辺だけに金が塗られ、中身は銀製なのでしょうか。それなら割ってしまえば結果が判明しますが、「王冠を壊すな」と釘を刺されています。どうすれば判別がつくものか、さすがのアルキメデスも、このときばかりは考えあぐねます。

ところで、金と銀の体積が同じ場合、「重さは金のほうがずっと重い」ことは当時でも知られていました（約2倍）。逆に言えば、「同じ重さだった」というのですから、体積を量ることができれば、王冠に銀が混ぜられているかどうかが判明します。軽い銀が混ぜられている分だけ、体積が大きくなるからです。

しかし、体積を量ると言っても、王冠はきめ細かく複雑な細工を施されているため、かんたんに体積を量ることはできません。さすがのアルキメデスもアタマを悩ませることとなったのです……。

この王冠の話の初出は、『ウィトルーウィウス 建築書』（ウィトルーウィウス著／森田慶一訳註、東海大学出版会）と考えられています。『建築書』は紀元前30年〜紀元前23年の間に書かれたと推測されていますので、このエピソードは実際にあったと思われます。

わかったぞ！ ヘウレーカ！

あるとき、アルキメデスが街の風呂に入っていつものように考えていると、自分の身体

の体積の分だけお風呂のお湯があふれ出すのを見て、
「ヘウレーカ、ヘウレーカ（わかった！　わかったぞ！）」と叫び、喜び勇んで街の中を裸で走ったという逸話があります。このときの「街」とは、もちろんシラクサのことです。

アルキメデスは湯舟の中で何に気づいたのでしょうか。

まず、湯舟いっぱいにお湯が張られた中に自分の身体を沈めると、自分の身体の体積分だけ、お湯があふれ出ます。そうすると、王冠のような複雑な形のものであっても、水をいっぱいに張った水槽の中に王冠を沈めれば、「王冠と同体積の水の量だけ、水は水槽からあふれる」ことになります。

王冠であふれた水量（体積）をAとし、王様が手渡した金を水中に沈めてあふれた水量（体積）をBとしたとき、AとBが同じ水量（体積）であれば「純金」と認められます。けれども、AがBより多ければ「銀などのまがいものが混じっている」と判断できるわけです。こうして、アルキメデスは王冠を壊すことなく、銀が混じっていることを示すことができたとされています。

さて、ここまでの話に、あなたは十分に納得されたでしょうか？

「ヘウレーカ」の正体は?

この王冠のエピソードは昔から伝えられてきましたが、アルキメデスの解決方法は、エピソード通りに考えてよいのでしょうか。

筆者にはいまひとつ、腑に落ちない点があります。というのは、この方法を使った場合、王冠と金塊の体積の差はきわめてわずかしかないので、あふれ出る水量を、きわめて正確に量らなければいけないという点です。たしかに、〝理屈〟としてはよくできているのですが、実際にあふれた水量を余すところなくかき集め、それを比較することができただろうか、と。

王冠はきわめて複雑な形をしています。しかもその体積はかなり小さいはずです。それに、王冠はその体積分だけの水を押しのけるといっても、水には表面張力があり、現実問題として、あふれる水量をなかなか正確に量れるものではありません。測定誤差が大きすぎるのです。アルキメデスも、それは先刻ご承知でしょう。

やはり、別の考え方が必要なようです。アルキメデスがそこで持ち出してきたものは、おそらく「天秤」だったに違いありません。

アルキメデスの原理とは

お風呂でアルキメデスが「わかった（ヘウレーカ）」と叫んだのは、ひとつには「物体と同体積の水量があふれ出す」ということだったかもしれません。

しかし、アルキメデスは「あふれる水」以外に、もうひとつ、さらに重要なことを風呂場で気づいていたはずです。それは、

「物体が押しのけたのと同量の水（液体）の重さだけ、その物体は軽くなる」

ということです。お風呂に入っていて、自らの体重が軽くなることから、アルキメデスはこの原理に気づいたのでしょう。これは今日、アルキメデスの原理、あるいは浮力に関する原理と呼ばれているものです。

仮に、ヒエロン2世が渡した金塊の重さが８００gだったとします。金の密度は１㎤あたり19・32gなので、体積はおよそ、800÷19.32＝41.4㎤です。そうすると、金塊は水中で41・４gだけ軽くなるので、800－41.4＝758.6、つまり「758・６g」となります。

もうひとつの王冠の体積はどうでしょうか。もし噂通りに銀などのまぜものが入ってい

れば、体積は41・4㎤よりも大きいはずです。体積が大きければ、その分だけ受ける浮力は大きくなり、王冠（まがいものと仮定）のほうが水中では軽くなる……。

では、この2つを次ページの図のように、天秤に載せてみてはいかがでしょうか。

空気中では同じ重さですから判別がつかなかったとしても、王冠も金塊も水中に沈めてしまえば、浮力を受ける分だけ軽くなります。もし、体積差がわずかでもあれば、受ける浮力の大きさが違い、結果として「水中での重さ」に差が出ます。そうすれば、天秤は（水中での）重いほうに傾くはずです。

こうして、アルキメデスは自ら発見したアルキメデスの原理（浮力）と、さらにここで「天秤」という〝実用機械〟をうまく活用することで、ヒエロン2世から出された難題をみごとに解決したのではないか——これが筆者の推理です。

そもそも、このときアルキメデスが大発見した「アルキメデスの原理」という物理法則は、「浮力」そのものだったのですから。

機械学、物理学、そして数学への思い

アルキメデスは浮力の発見、てこ、滑車、ねじり力など、静力学（静止している物体間

水中では「浮力」を受ける

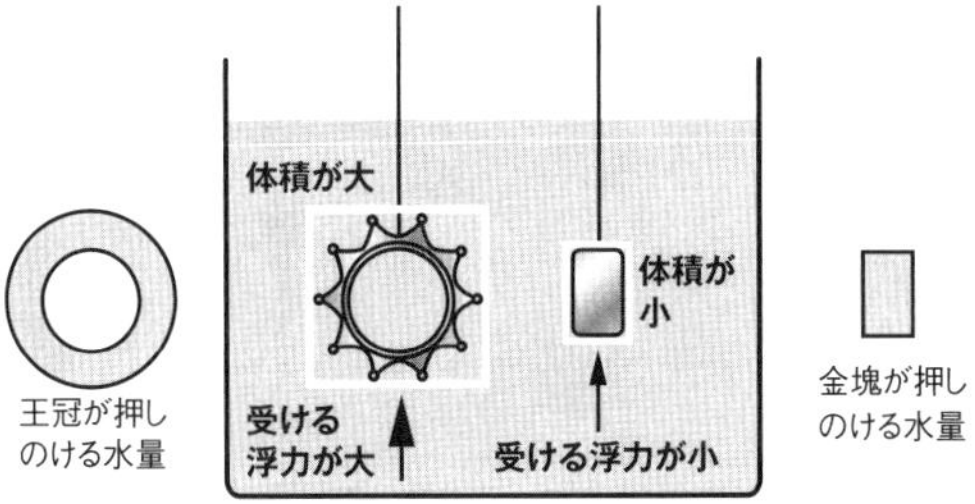

天秤を利用して「浮力」の差を計測する

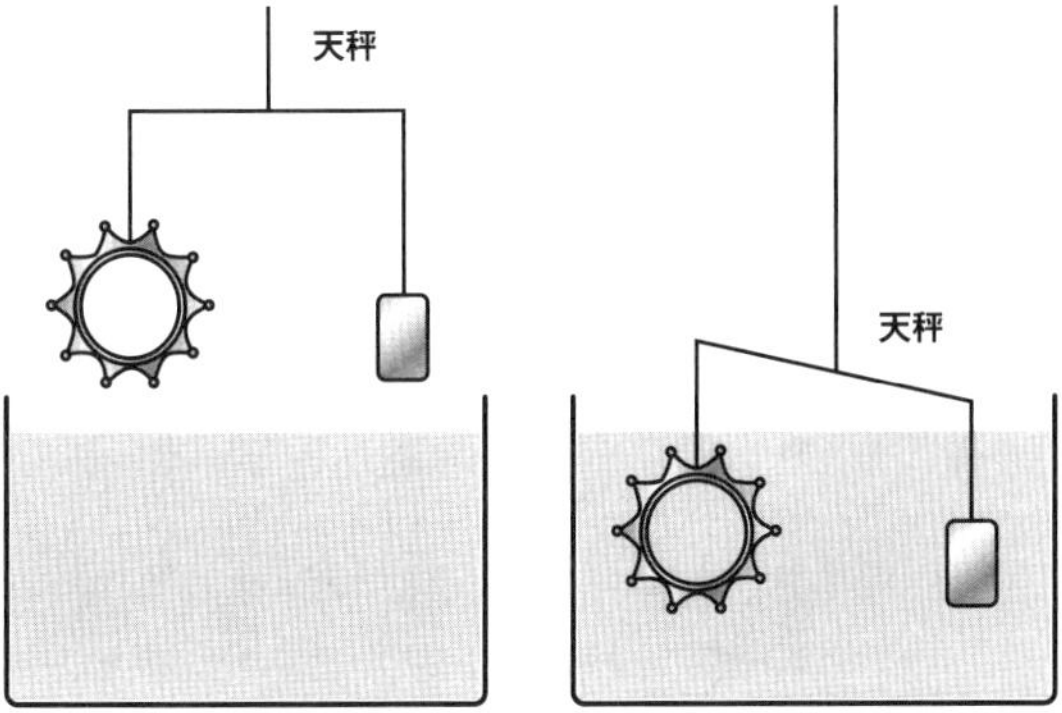

空中では、王冠と金塊の
重さは同じ

水中では、王冠は体積が
大きい分だけ大きな浮力
を受け、重さに違いが出る

に働く力の釣り合いに関する研究）の分野（物理学）における功績で知られています。

そしてアルキメデスは物理学という「科学」の中におさまらず、その知識を現実問題に応用すべく、実用機械の開発にも才能を発揮しました。

たとえば、前述したアルキメディアン・スクリューの製作でも、その力がいかんなく発揮されています。このスクリューは、ヒエロン2世からの命令で設計した巨大船シュラコシア号の底に溜まる水を吐き出す（水を引き上げて海へ排出する）ためのアルキメデスのアイデアですが、それ以外にも農業用水を引き上げる、炭鉱内に出た水の排出に利用するなど、多方面で活躍しています。


しかし、晩年のアルキメデスの関心は機械学や物理学から離れ、「数学」に集中しました。とりわけ、さまざまな立体の求積法（幾何学）に関するきわめて独創的な著作が今日にも伝わっています。ニュートンやライプニッツによって開花する「積分法」の萌芽とも言える先進的な考えも示していました。

20世紀によみがえったアルキメデスの伝説の書『方法』

ハイベルク、歴史にその名を残す

デンマークのヨハン・L・ハイベルク（1854〜1928、ハイベアとも呼ばれる）の名前は、一般の人びとにはほとんど知られていないでしょう。しかし、われわれアルキメデスの研究者の間では、彼は古典文献学者として、第一級の仕事をなし遂げてくれた人物として知られています。

というのは、アルキメデスの現存する著作を整理し、保存し、さらに新しく発掘してくれた人物だったからです。アルキメデス自身がパピルスに書いた〝オリジナル本〟は、現在、ひとつも残っていません。後世の人びとが書き写したもの（写本）が残っているだけ。それも間違って書き写したものも多く、「古い写本のほうが正しい」というものでもありません。

複数の写本を見比べ、アルキメデスに関する知識を総動員し、どの写本のどの部分が正しいか、吟味していくしかないのです。その意味で、ハイベルクが編集した『アルキメデス全集』は、アルキメデスを研究する際の第一級の基礎資料となっています。

アルキメデス以外にも、現在、日本で発刊されている『ユークリッド原論』（共立出版）なども、ハイベルクが編集した『ユークリッド全集』を底本としています。このように、ハイベルクが数学史上において為《な》した仕事はきわめて大きいと言えます。

ハイベルク

１９０６年、このハイベルクの名前を決定的に後世に残す大発見がありました。それはアルキメデスの著作の中でも最も高名で、しかし、この世からすでに消え去ってしまったと考えられてきた著作『方法』をこの世に蘇《よみがえ》らせたことです。

ハイベルクは、早い時期からアルキメデスの研究に傾倒した学者でした。１８７９年、ハイベルクが弱冠24歳のときに、彼は「アルキメデスの諸問題」という学位論文を執筆します。そして翌１８８０年〜１８８１年には、『アルキメデス全集』（全３巻）を刊行したのです。この全集はアルキメデスの写本研究をもとに、ギリシア語原文にラテン語対訳を付けて完成させたものでした。

彼はここで、自身の『アルキメデス全集』の改訂を考え、1906年の夏、新しい史料を発掘・収集する目的で、コンスタンティノープルを訪れます。コンスタンティノープルはかつての東ローマ帝国（395～1453）の首都ビザンチウムであり、現在のトルコのイスタンブールのことです。

羊皮紙の写本の中にアルキメデスが埋もれている？

なぜ、彼はシラクサやアレクサンドリアではなく、コンスタンティノープルを訪れたのでしょうか。そこにはもちろん、彼なりの成算がありました。

というのは、パパドプロス・ケラメウスの『イェルサレム文庫』を読み、次のことを確信していたからです。

「コンスタンティノープルの修道院に保存されている写本の中に、おそらく、アルキメデスの著作が埋もれているに違いない」と。

こうしてハイベルクはコンスタンティノープルの分院（イェルサレムの聖墓修道院の所

属）に出向き、羊皮紙に書かれた写本を徹底的に調査しました。

ここで、「羊皮紙の写本」ということについて、少し事情をお話ししておく必要があります。

アルキメデスが生きていた時代には、もちろん「パピルス」が使われていました。けれども、パピルスはエジプトのような乾燥地帯以外ではカビが生えやすく、もともと強度も十分ではありません。

そこで後世のヘレニズム時代になると、パピルスに代わって強度のある「羊皮紙」が使用されるようになります。ヘレニズム時代とは、アレクサンダー大王の死後（紀元前323年）から、プトレマイオス朝エジプトの滅亡（紀元前30年）までの、およそ300年間のことを指します。

世紀の大発見！

さて、アルキメデスの著作は当然、最初はパピルスに書かれていました。その後、さまざまな人の手によって、パピルスから羊皮紙へと「筆写」され、保存されていきます。ただし、羊皮紙も貴重品です。そこで真新しい羊皮紙を使わず、一度なにかが書かれた羊皮

ニトリエンシス写本

ホメーロス『イーリアス』、ルカの『福音書』、さらにはユークリッドの『原論』などの上に、別の著作が9世紀に書かれたパリンプセスト。下に文字が書かれているのが見える。

紙も、すでに書かれている文字を消して「再利用」されたのです。

　このように再利用された羊皮紙のことを「パリンプセスト」（palimpsest）と呼んでいます。パリンプセストとは、ギリシア語のパリン（palin：再び）とプセストス（psēstos：こすられた）の2つの言葉を合成して作られた英語表現で、キリスト教徒が祈禱《きとう》文《ぶん》などを書く際、この方式を利用することが多かったようです。

　上の写真は、パリンプセストの事例です。パリンプセストの多くは、ギリシア語で書かれたルカの『福音書』やユークリッドの『原論』などを消し（その時代には用済みとされた）、その上に新たな著作が書かれていきます（写真を見ると、下に薄く残っているのがわかります）。

パリンプセストとしては、ほかにも2世紀に活躍した古代ローマの法学者ガイウスの『法学提要』、モハメットの死後（632年）15年以内に書かれた最古のコーラン写本、東ローマ皇帝テオドシウス2世のローマ法の法典（5世紀）などがあり、それらの上に他の文書が書かれていったのです。

アルキメデスの『方法』がよみがえった！

コンスタンティノープルの分院に保存されていたパリンプセスト――。ハイベルクはその表面に書かれた文章を少しずつ細心の注意を払いながら洗い落とし、その下からみごとに、アルキメデスの著作のいくつかをよみがえらせます。『螺線《らせん》について』『球と円柱について』、さらには『浮体について』などの著作がありました。

しかし、それだけに終わらず、ここに人類にとってきわめて大きな発見が待ち受けていたのです。それが『方法』（『エラトステネス宛の機械学的定理についての方法』）の発見でした。1906年のことです。

この『方法』という著作については、それまでは所在が不明とされていました。かろうじて、ヘロン（10頃〜75頃）がその著『測量術』で『方法』の一部を引用したり、あるいは10世紀末にビザンチウム（コンスタンティノープルの旧名）で編纂された『スイダス』（失われた書物から断片を伝えている百科全書）がわずかに『方法』について言及している程度にすぎませんでした。

このため、アルキメデスの著作のひとつとして、『方法』がかつて存在したことは多くの研究者に信じられていましたが、「もはやこの世から失われてしまったもの」と諦めざるをえないものだったのです。その意味で、ハイベルクによる『方法』の発掘は、20世紀の数学史上における重要な発見のひとつだった、と言うことができます。

ハイベルクはこれらの発掘をもとに、『アルキメデス全集』の改訂作業に乗り出し、1910年〜1915年、ついに、アルキメデス研究における決定版とも言える『改訂版アルキメデス全集』（全4巻）を完成させたのです。

コラム　競売にかけられた『方法』

1906年にハイベルクによって発見された『方法』――前節では、この〝世紀の大発見〟に至る経緯を述べてきましたが、実は後日談があります。それは、あろうことか、『方法』が再び、人類の前から姿を消してしまったことです。

そして、時が20世紀から21世紀へ移ろうかという1998年10月29日（木）、ニューヨークのクリスティーズで、ある書物が競売にかけられることになりました。商品コードは「ヘウレーカ9058」。それはハイベルクが1906年に発見し、消えてしまったアルキメデスの『方法』そのものだったのです。

しかし、「アルキメデス・パリンプセスト」はハイベルクが発見した頃とは様変わりし、カビだらけのボロボロで、見るも無残。すがたを消していた90年間の保存状態の悪さが手に取るようにわかるものでした。

クリスティーズの会場の前のほうの席、つまり、本気で購入を考える人たちの席はガラガラの状況だったといいますが、それでもクリスティーズは最低価格を80万ドルと強

『方法』の上書きのされ方

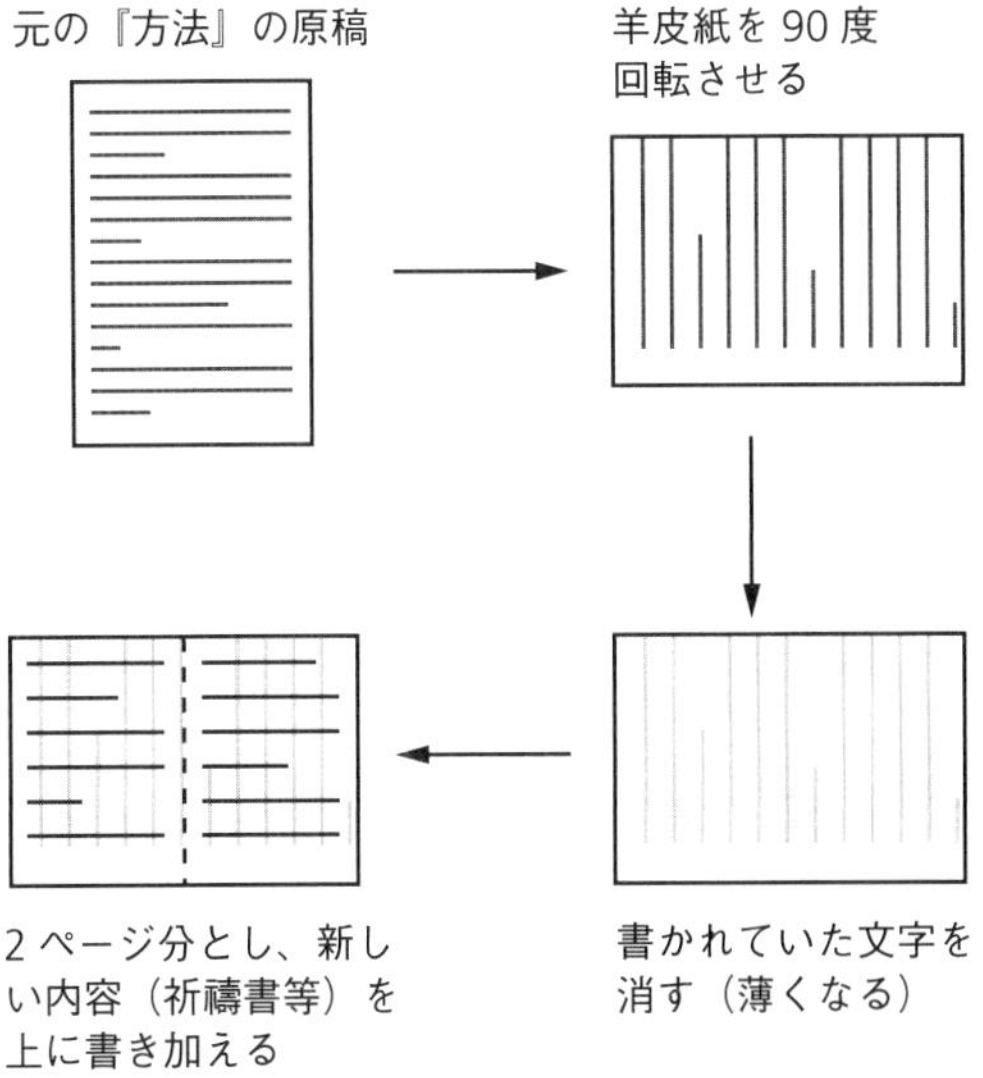
元の『方法』の原稿
羊皮紙を 90 度
回転させる
書かれていた文字を
消す（薄くなる）
2 ページ分とし、新し
い内容（祈禱書等）を
上に書き加える

気に設定。女神はクリスティーズに微笑み、最終的に220万ドルで落札されました。落札者はシリコンバレーのIT企業のオーナーで、「ビル・ゲイツではないアメリカ人」としかわかっていません。

その後、落札者（ミスターB）はボルチモアのウォルターズ美術館に写本を預け、写本の情報をデータ化するための解読プロジェクトを始めます。上図のように上書きされたパリンプセストを元通りにし、さまざまな波長の光を紙にあてていきます。これによって、1906年当時、ハイベルクが読めなかった部分も読めるようになりました。その後、ジョンズ・ホプキンス大学のグループによって『方法』の文字を赤く、祈禱書の文字をグレイになるような疑似カラー技術の開発にも成功し、テキストの解読が進みます。費用に関しては、ミスターBがスポンサーになっています。

ミスターBが落札した後、「アルキメデス・パリンプセストを美術館で展示したい」と申し出たボルチモアのウォルターズ美術館・学芸員は、実はアルキメデスの業績についても、シラクサで生まれたという知識もなく、上司の命令で依頼をしたものの、「無理だろうと思っていた」と告白しています。

さらに、ミスターBがウォルターズ美術館を訪れ、皆で外へ昼食に出かけた際、学芸担当員が〝そろそろ現物を引き渡してくれてもいいのに〟と考え、催促のつもりで「預けてくれることになって、感謝している」と述べたところ、ミスターBはこともなげに、「もう渡したよ、美術館の机の上に置いてきたから」と……。

もし、無人となった美術館の部屋から誰かが「本」を盗んでしまっていたら、今われわれはこうして『方法』の内容を語ることはできなかった、ということになります。

なぜ、アルキメデスにとって「無限」は禁じ手だったのか？

ユークリッド『原論』でギリシア数学は集大成された

ここで、アルキメデスの生きた時代の思想、つまり「ギリシア哲学」について触れておくことにしましょう。ギリシア哲学と数学の関係を考えておくことが、後々、アルキメデスの数学的な証明（第4章）にも大きく影響してくるからです。そして、アルキメデスにおける証明の意味、その真価を理解するためにも必要不可欠です。

古代ギリシアにおける数学は、いつ頃から始まり、いつ完成したと言えるでしょうか。それは紀元前7世紀の〝世界最古の自然哲学者〟と称され、ギリシア七賢人の筆頭にあげられているタレス（紀元前625頃〜紀元前547頃）、さらにサモスの賢人と呼ばれたピュタゴラス（紀元前570頃〜紀元前490頃）に始まります。

ピュタゴラス

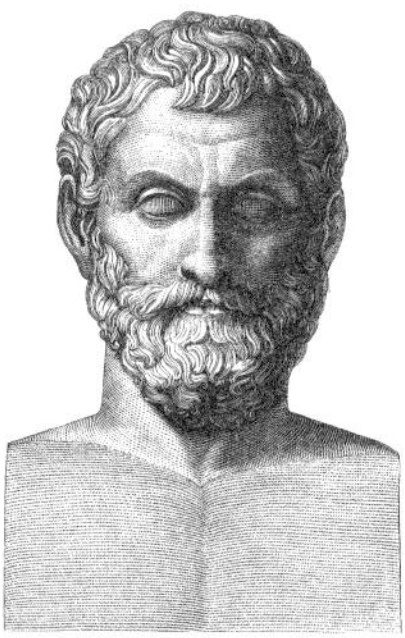

タレス

そして、ソクラテス（紀元前470頃〜紀元前399）の弟子であるプラトン（紀元前427〜紀元前347）に始まり、アレクサンダー大王の家庭教師でもあったアリストテレス（紀元前384〜紀元前322）を経て、ギリシア哲学が集大成されることになります。

このプラトン的なギリシア哲学の思想のもとに、ユークリッドが紀元前300年頃に著した『原論』によってギリシア数学は一応の集大成が成しとげられたのです。「一応の」という意味は、それ以後もギリシア数学はアルキメデス、アポロニオス、パッポスなどによってさらなる発展を続けたからです。

ともかくも、上記のような系譜によって、古代ギリシア世界に顕著に見られた思想、すなわち「プラトン主義」（プラトニズム）が普遍化し、それにもとづくギリシア数学が形成されていったのです。

プラトン

ソクラテス

「哲学」→「数学」→「自然学」の学問階梯（順位）

ところで、このプラトンの数学論に関しては、彼の「イデア論」を抜きにしては語れません。プラトンはさまざまな著作において、「私たちが感覚を通して獲得する世界は『仮象の世界』であること、そして、それは存在の本来的なるものの影像《えいぞう》にすぎない」という主張を繰り返し述べているのです。そして、「真に実在する世界」は別にあると主張し、それこそ「イデアの世界」であると考えたのです。

プラトンは、この崇高な真理に満ちた「イデアの世界」を扱う学問こそ「哲学（形而上学）」であるとしました。このため、哲学はプラトンの学問レベルにおいて最高位に位置づけられることになります。

「イデアの世界」と対極をなすのが、先ほどの「仮象の世界」、つまり感覚を通して得られる世界で、それ

ユークリッド

アリストテレス

に関する「自然学」(「機械学」も同様)は最下位に置かれます。

では、「数学」はどこに位置するかと言うと、この「哲学」と「自然学」の中間に位置づけられます。

このように、プラトン哲学にあっては最高位の「イデアの世界(哲学)」と最下位の「仮象の世界(自然学)」の2つの間を媒介する役割を担うものこそ、「数学」であるとみなされているのです。

ここでひとつの掟、ルールとも呼べるものがプラトン哲学(イデア論)にはあります。

それは、最上位の「哲学」で証明された内容に関しては、ひとつ下の「数学」、さらには最下位の「自然学」あるいは「機械学」などでも使用可能なのですが、その逆は成り立たないことです。

プラトンのイデア論

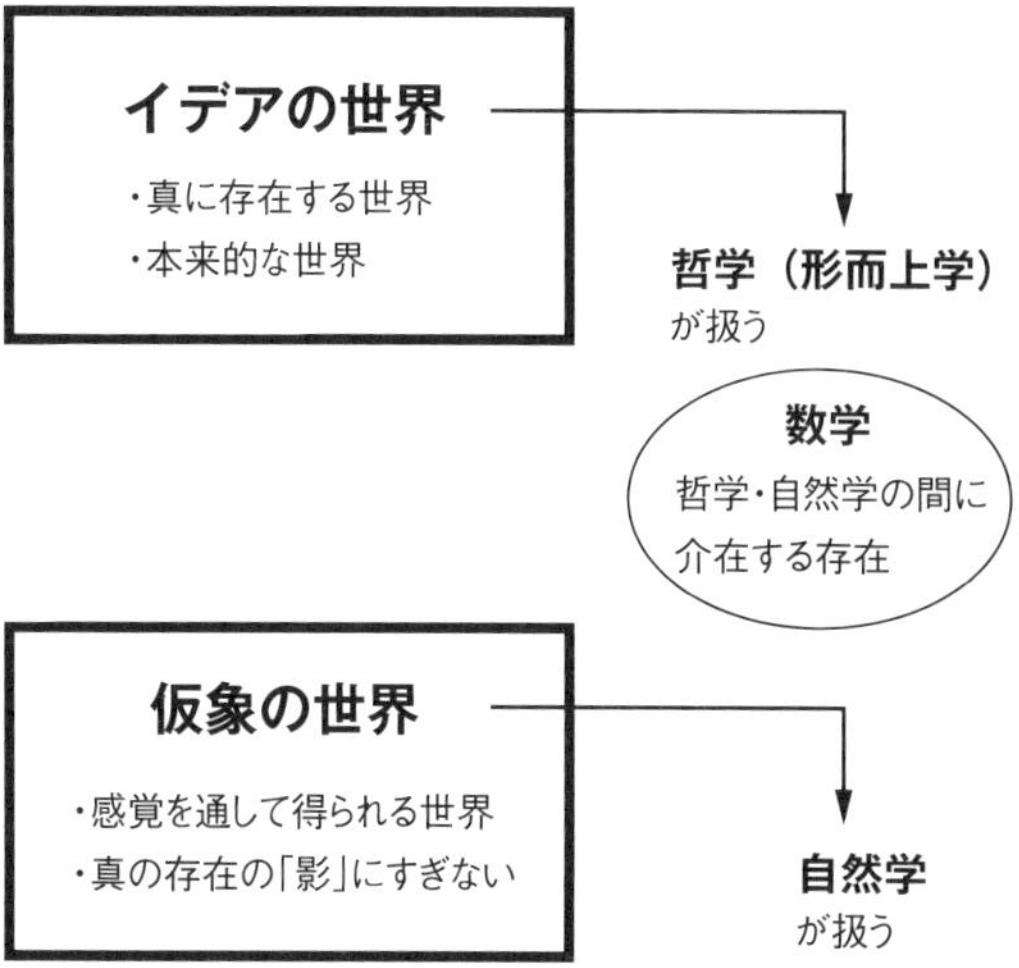

イデア論によるギリシア的「学問階梯（順位）」

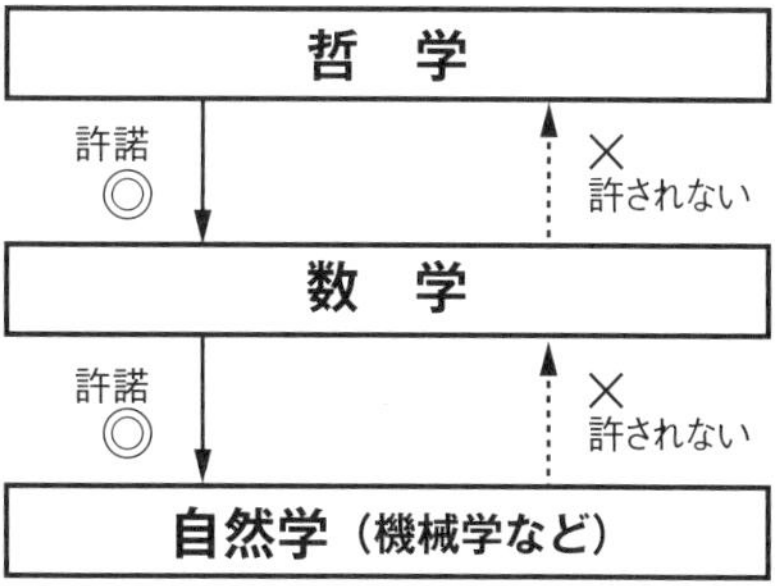

つまり、最下位の「自然学」や「機械学」で証明されたものがあったとしても、その上の「数学」では使用できないのです。また、「数学」で証明されたものも、最上位の「哲学」では使用できません。この三者の関係は、上から下への一方通行の関係なのです。

「かたち（形相）」の対極が「何でもないもの（質料）」

プラトンのイデア論は、弟子のアリストテレスにおける「形相《けいそう》」（エイドス）と呼ばれる概念に発展していきます。「形相」とはどのようなものでしょうか。それは広い意味の「かたち」のことを指します。そして「かたち（形相）」の対極にある概念が「質料」（ヒュレー）です。

「かたち（形相）」、あるいは対極の「質料」と言ってもピンとこないと思いますので、具体例で考えてみることにしましょう。

いま、アルキメデスを記念した銅像が公園に立っているとします。このアルキメデスの銅像を溶かしてしまうと、当然、アルキメデスとしての「かたち」を失ってしまいます。

この場合、アルキメデス像の「かたち」が「形相」です。そして、アルキメデス像の材料となっていた銅は「質料」となるわけです。

このような「形相」と呼ばれる概念（アリストテレス）の先駆をなしたのが、プラトンの「イデア」概念です。そして、プラトン主義的数学観は「イデア―形相」の概念をその根幹としているのです。

アルキメデスの銅像の例でもわかるように、「銅」という「質料」（材料）が加工されて具体的な「アルキメデスの銅像」という「形相」「かたち」が現れます。言い換えれば、「形相」は「質料」が何らかの制約や限定を受けて生じている姿とも言えます。

しかし、溶かされた銅は「もはや、形がないのか？」というと、そうとも言い切れません。なぜなら、銅像が溶けてたとえドロドロの姿になっても、アメーバのような〝何がしかの形〟を持っているはずだからです。そうすると、「そこにも形相・かたち（ドロドロの姿）が現れている」と言えなくもありません。

さらに、もっともっと「質料」という概念をつきつめて考えていくと、それこそ「質料」とは、何でもないもの（カオス）」ということになるのです。これはタレスを始祖とするギリシアのイオニア学派の哲学者アナクシマンドロス（紀元前6世紀中頃）が「万物の根源」（アルケー）と考えた「無限定なもの」（アペイロン）という概念にまで行きつくと言ってよいでしょう。

「無限は悪」の思想がアルキメデスの数学に影響を与えた

　このように考えてくると、「イデア―形相」というプラトン主義的な数学観は、「形あるもの」（たとえばアルキメデスの銅像のように）を尊んだ。他の言葉でいうと、「限りあるもの」、すなわち「有限」を尊んだということができます。

　逆に言えば、「無限とは、（価値として）有限以下のもの」であり、「無限は有限に及ばない」とみなされたのです。これが古代ギリシアにおける「無限」の考え方でした。

　つまり、まだ何らかの限定・制約も受けていない「質料」の状態では価値はありません。無価値です。そこに「形相」によって「かたち」が決まった（限定された）とき、はじめて秩序ある存在が成立する、「価値あるものが生まれる」と考えられたのです。

　古代ギリシアを代表する哲学者プラトン、アリストテレスによれば、善とは常に「秩序」あるもの、そして限界のあるもの（有限なもの）とされます。つまり、「有限こそ、善」なのです。

　これに対し、無限は有限の反対ですから、限界なきもの、秩序なきものであって、当然の帰結として、善に対する「悪」とみなされたのです。

有限＝善

無限＝悪

このような古代ギリシア数学につながる「無限観」は、現代数学には見られないきわめて大きな特徴だと言えます。この「無限を回避（忌避）」する考えが、アルキメデスの数学にも多大な影響を与えたのです。そして、この「無限」の概念を「有限」で切り抜けていく独特の方法（取り尽くし法：後述）をアルキメデスは駆使していくことになります。これこそ、アルキメデスの天才ぶりです。

無限を回避する絶妙な手法

「アキレスは亀に追いつけない」というパラドックス

「ゼノンの逆理（パラドックス）」という言葉を聞いたことがあるでしょうか。南イタリアに生まれたギリシアの哲学者ゼノン（紀元前490頃〜紀元前430頃）は、人びとに「無限」にまつわるパラドックス（矛盾）をいくつも投げかけました。それは、

「アキレスは亀に追いつけない」

「飛んでいる矢は止まっている」

などの論理です。

いま、アキレスは亀よりも10倍速く走れるとします。もちろん、アキレスは古代ギリシア世界の中でも足の速さでとびきり有名な戦士ですから、実際には亀より10倍以上速いはずですが、ここでは計算のしやすさから「10倍」としておきます。そして、亀はアキレス

より10ｍ前にいて、同時にスタートします。

さて、アキレスが亀のいた最初の地点（10ｍ先）にたどり着いたときには、亀はそれよりも1ｍ先に進んでいます。次に、アキレスが1ｍ進んで亀のいた位置に到着したときには、亀はすでに10㎝だけ前にいます。アキレスが10㎝走ると、亀はさらに1㎝先を……。

こうして、アキレスが亀の元いた位置に着いたときには、常に亀はいくらかでも前を歩いているため、足の速いはずのアキレスは永久に亀に追いつけない……。

ゼノン

無限を回避したギリシア人

この「アキレスと亀」の話にせよ、「飛んでいる矢」の話（同様の論理）にせよ、いずれも現実ではありえない話です。ですから、明らかにこの話が間違っているのは誰にもわかっています。しかし、この〝無限〟の理屈は「矛盾を含んだ論理」であるためか、論破するのはとてもむずかしく、論理性を厳しく追究した古代ギリシア人たちは、「無限」という概念を回避し、注意深く避けようとします。

もともと無限という言葉は、古代ギリシア語では「アペイロン（apeiron）」といいます。この単語は否定の接頭辞である「ア（a-）」と、「限界」「限定」の意味をもつ「ペラス（perras）」との合成語です。したがって、アペイロンは「限界がない」とか「限定されていない」という意味で、「無限」と訳されているのです。

これは先ほどの「質料」（材料）、「形相」（かたち）のところでも述べたように、このアペイロンはアナクシマンドロスが「万物の根源（アルケー）」としたことでも知られていることです。彼は、「まだ限定されていない原初的な何か（無限定者）から万物が生じる」と考えたのであって、この「無限定（者）」を近代以後の「無限」と同一視してはいけないでしょう。

「無限」という概念は難解な矛盾を含んでいる

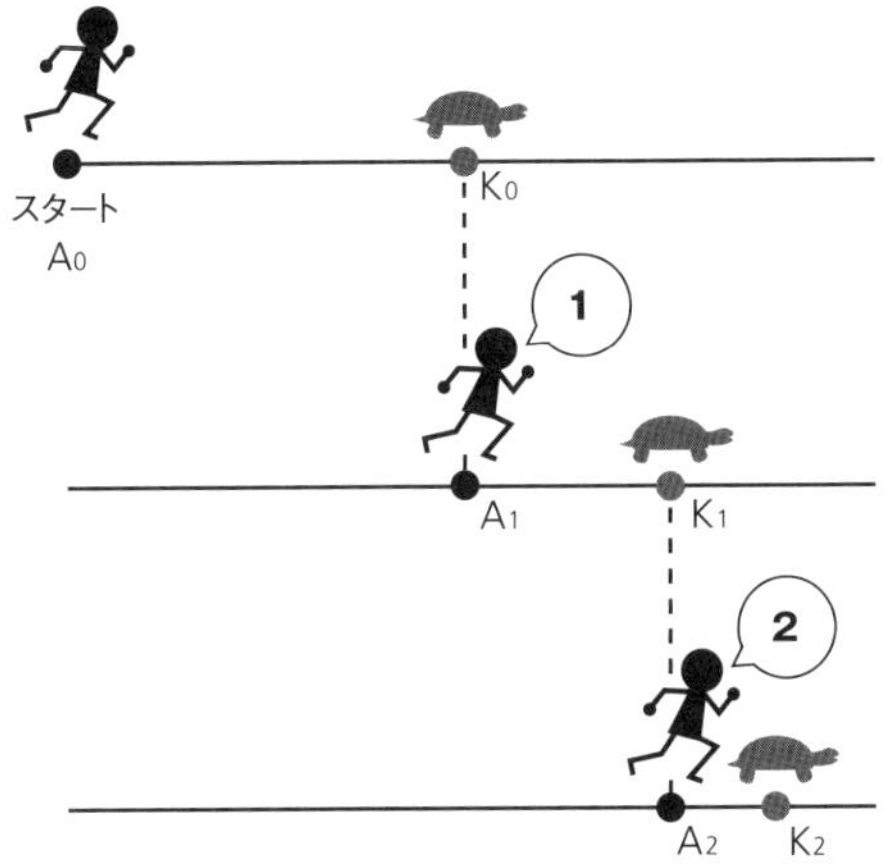

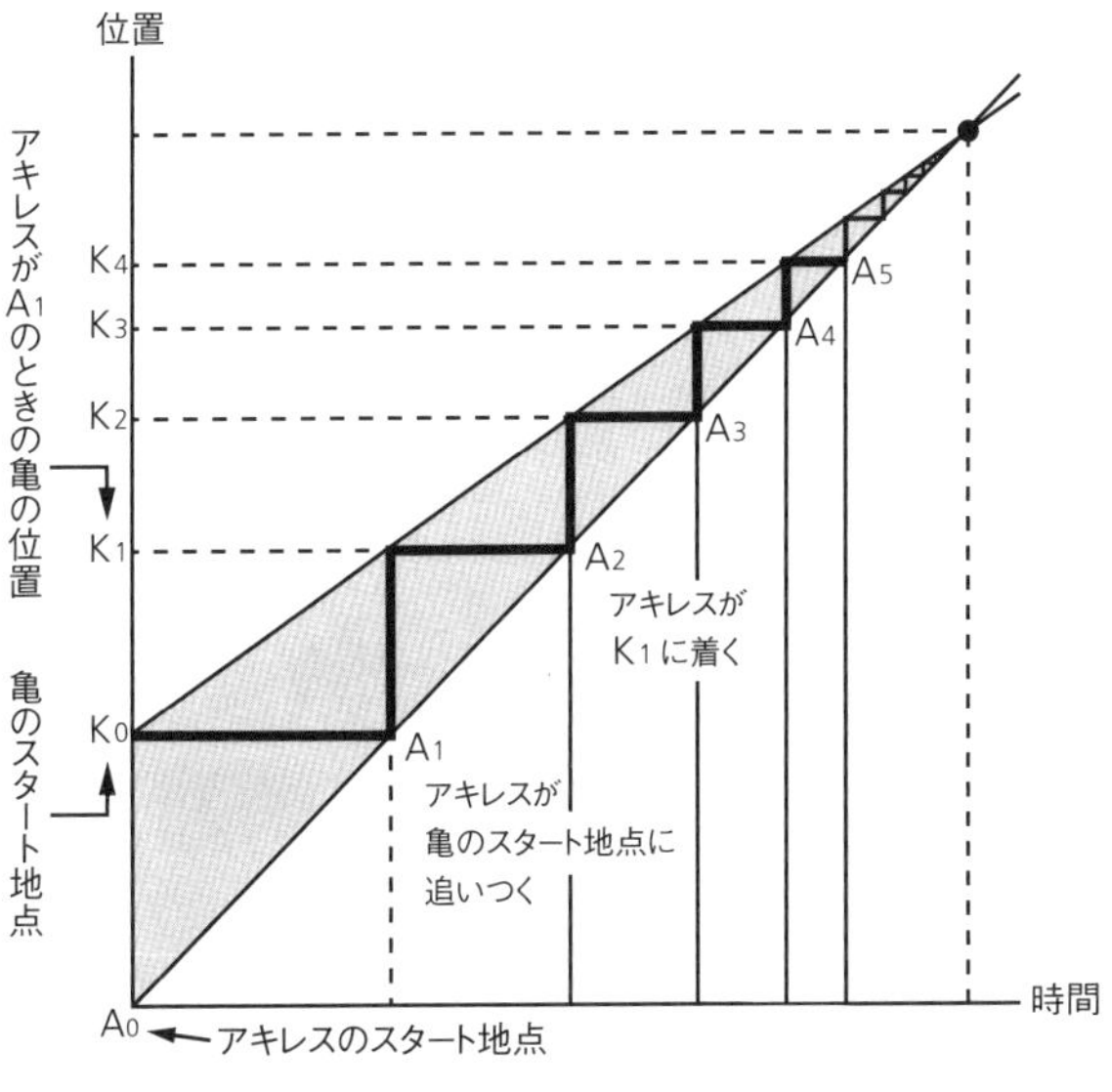

無限を有限回で回避する「取り尽くし法」

近代以後の数学は、微分・積分という新しい数学を創造していくことになります。そこではギリシア数学とは異なり、無限（極限）を積極的に取り入れ、無限を「ポジティブな概念」として捉えています。

ところが、古代ギリシアにあっては「無限」とは、はっきりしない、不安定な、原初的な状態であり、「ネガティブな概念」でした。このように、古代ギリシアにおける数学思想のひとつの特徴は「無限を避けること」にあったと言えます。

しかし、円などの曲線図形の面積、あるいは球などの曲面をもった立体図形の表面積、体積を求めるにあたっては、直線図形などで近似していくと、どうしても「無限（無限回）」を避けて通ることはできません。では、古代の数学者たちは「無限を避けながら」どのようにしてこれら曲面立体の表面積、体積に挑戦したのでしょうか。

そこで用いられた手法こそ、紀元前4世紀の数学者・天文学者のエウドクソス（紀元前400頃～紀元前347頃）が発明した「取り尽くし法」でした。

取り尽くし法とは「無限の操作を回避して、有限回の操作によって命題の証明を完結させる」という、古代ギリシア数学に特有の技法です。

無限を回避するため、アルキメデスは曲面をもった数々の立体図形の表面積、あるいは体積を求める場合に、この「取り尽くし法」と「背理法」とを駆使することになります。取り尽くし法を用いた具体的な事例については、第4章において紹介する「円の面積に関するアルキメデスの証明」を参照していただきたいと思います。

コラム　証明、デリバティブの先駆者タレス

タレスはソクラテスよりも前に生きた哲学者であり、「最古の自然哲学者」と呼ばれることもあります。また、タレスが数学史上で特筆すべき点といえば、「人類史上、最初の証明を成し遂げた人物」ということでしょう。その意味では、「最古の数学者」といってもよい人物です。

証明とは、「ある命題が正しいことを説明するための一連の演繹的手法」のことを言います。「演繹的な手法」とは、誰もが認める正しいこと（定義、公準、公理など）をもとに、論理を追って説明し（三段論法のように）、そのことで「誰もが納得する説明」をすることです。その反対が「帰納法」です。

タレスの証明としては、たとえば、「円は直径によって2等分される」があります。

多くの人は、これを直観的に「当たり前のこと」と理解しているかもしれませんが、その「当たり前のこと」を誰にも反論の余地なく、論理的に言葉で説明し切る——それが「証明」です。

❶「円は直径によって2等分される」を証明する

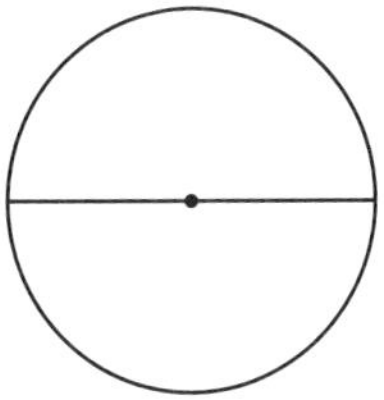

❷「互いに重なり合うもの」は等しい

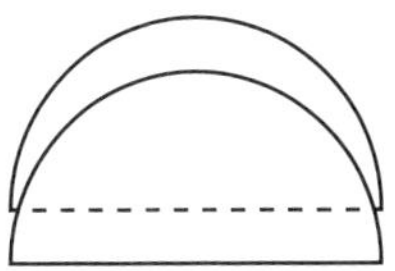

では、タレスはこの「自明」とも言える「円は直径によって2等分される」をどう証明したのでしょうか。

まず、「互いに重なり合うものは、互いに等しい」という事実を原理とし、その上で「円の上に直径が引かれ、円の一方の部分（半円）が残りの部分（半円）に相重なることを想像してみよ」と言います。

このように、原理からの導出というタレスの知的態度は、タレス以前には見られないことでした。タレスは、この「円は直径によって2等分される」という証明以外にも、「二等辺三角形の2つの底角は等しい」などの証明があります。証明の先駆者だったのです。

タレスは哲学・数学に非常に秀でた人物でしたが、とても貧しい生活を送っていました。このため、「哲学・数学を学んでも、日々の生活には何の役にも立たないのね」と言われたタレスはその意見を否定するため、一計を案じます。

タレスはその天文学の知識から、翌年のオリーブの収穫が豊作になることを予測し、冬の間にオリーブ油圧搾機をひとりで借り切ってしまったのです。翌年、タレスの読みが当たり、オリーブは大豊作となりました。そこで多くの人がタレスに「圧搾機を貸してほしい」と頼み込んだので、タレスはたった1シーズンで莫大な利益を懐に入れることになったのです。

タレスはこうして、「数学や天文学の知識があれば、金持ちになろうとする気さえあれば、かんたんになれる。ただ、私は儲け話に関心がないだけだ」ということを実績で示し、見返したのです。このエピソードは、現在の金融デリバティブ取引（オプション取引）の先がけとして、しばしば紹介されています。

タレスがエジプトに出かけたとき、直接測ることのできないピラミッドの高さをかんたんな比例計算で算出した、というエピソードもあります。

98ページの図のように1本の棒を立て、ピラミッドの影と棒の影の長さをそれぞれ測ります。棒の長さは計測できますので、比例計算でピラミッドの高さも計算できる、というわけです。

たとえば、１ｍの棒の影が２ｍあり、クフ王のピラミッドの影が２９２ｍあった場合、ピラミッドの高さを h ｍとすると、

$$h : 1 = 292 : 2$$

となり、したがって、

$$h = 292 \div 2 = 146 \ (\mathrm{m})$$

となります。この比例計算によって、クフ王のピラミッドの高さは１４６ｍあるとわかります。

タレスによるピラミッドの計測法

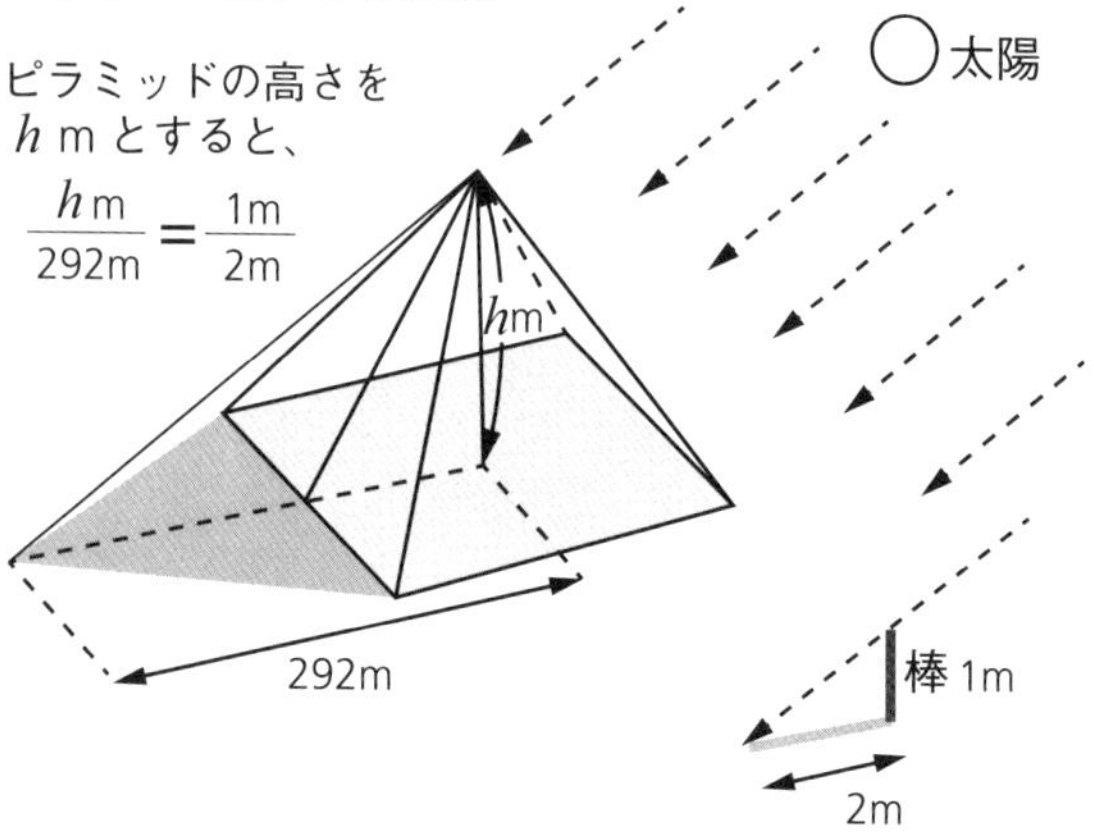

第3章

究極の「軍事兵器」

——アルキメデスの数学・物理学の知識がローマを苦しめた！

ポエニ戦争に巻き込まれたシラクサ

アルキメデスがその「軍事兵器」づくりの才をいかんなく発揮したのは、「ポエニ戦争」でした。

ポエニ戦争が始まる

ポエニ戦争とは、共和政ローマとフェニキア人の建国したカルタゴ（現アフリカのチュニジアの首都チュニスに近いチュニス湖の東岸にあった古代都市国家）との間で120年もの長きにわたって争われた、地中海地域の覇権をめぐる3度の戦争のことをいいます。

第一次ポエニ戦争：紀元前264年〜紀元前241年
第二次ポエニ戦争：紀元前218年〜紀元前201年
第三次ポエニ戦争：紀元前149年〜紀元前146年

この3回にわたるローマとカルタゴの戦争の結果、カルタゴの街は完全に焼き払われ、兵士は殺され、生き残った者は奴隷として売られ、カルタゴはこの地球上から完全に消滅します。こうして地中海地域の支配権はカルタゴから共和政ローマへと完全に移行しました。

第一次ポエニ戦争が始まる前まではカルタゴは卓越した海軍力と商才によってアフリカ北岸を含む地中海地域の広い範囲を支配下に置き、政治・軍事・経済の各方面において強大な共和制国家を築いていました。

ほぼ同時期、共和政ローマもイタリア半島における主導的な都市国家として勢力を伸ばし、拡張主義的な政策によって、イタリア半島のほぼ全域を支配していました。

一方、ローマとカルタゴの中間に位置するシチリア島は、イタリア半島の南部とは狭いメッシーナ海峡（最短で3㎞程度）を挟んで位置していました。そのシチリア島の中で、シラクサは経済力があり、戦略的な影響力もあり、よく要塞化された都市国家として、ローマやカルタゴから干渉を受けながらも政治的に独立していたのです。

なお、「ポエニ」とは、カルタゴを建設したフェニキア人を意味するポエニーケー

(Phoenici) から派生した言葉で、また、「カルタゴ」とはフェニキア語のカルト・ハダシュト (Kart-Hadasht＝「新しい町」) に由来するとされています。

第一次ポエニ戦争の発端

ポエニ戦争の発端は、シチリア島内での紛争にありました。

シラクサの支配者アガトクレス (在位：紀元前316〜紀元前289) はカンパニア人の傭兵集団であるマメルティニ (マルス組) に市民権を与えて雇い、シチリア島内で強国カルタゴと対峙《たいじ》していましたが、シラクサのアガトクレスが死去した後、マメルティニに対してシラクサの市民権を与えられることはありませんでした。この処置に不満をもったマメルティニは、紀元前288年 (アルキメデスが生まれる直前)、シチリア島の北東部の都市メッシーナ (メッサナ・104ページの地図を参照) を占領し、シラクサと対立します。

その後、紀元前269年にシラクサの新しい支配者となったヒエロン2世 (紀元前306頃〜紀元前215) は紀元前265年にマメルティニと対決し、シラクサの前に劣勢となったマメルティニは、ローマとカルタゴの両方に援助を求めます。

マメルティニの要請にいち早く応え、シチリア島に軍団を送ったのはカルタゴでした。

メッシーナとローマのレッジョとは、狭いメッシーナ海峡を挟んで、まさに目と鼻の先の関係です。しかし、ローマは海を渡って軍隊を送った経験がなく、しかもメッシーナとは同盟都市の関係になかったこともあり、軍隊派遣に躊躇《ちゅうちょ》したようです。

もし、そのままカルタゴの勢力がメッシーナだけでなくシラクサまで伸びて、シチリア全島をカルタゴが支配するようなことにでもなれば、次の段階としては、強大なカルタゴの勢力がイタリアの南端にまで侵入してくる危険性があります。なんといっても、シチリア島とイタリア南端とは、最短でおよそ3㎞しかないのですから。

そこで紀元前264年、遅ればせながらもローマはシチリア島に軍を進めます。すると、マメルティニはカルタゴからローマに寝返り、ローマは翌年（紀元前263年）にはシラクサを攻略し、シラクサに対してローマとの同盟を強要します。シラクサはこれを受け入れざるをえませんでした。

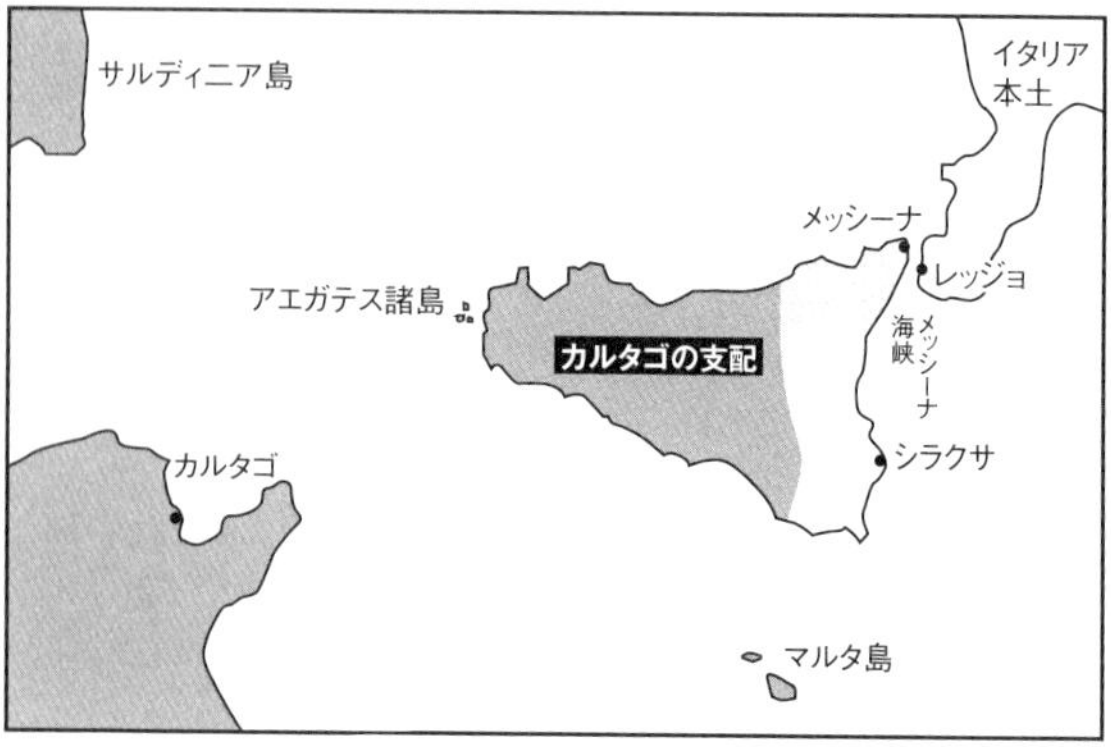

シチリアでの内戦から第一次ポエニ戦争が始まる

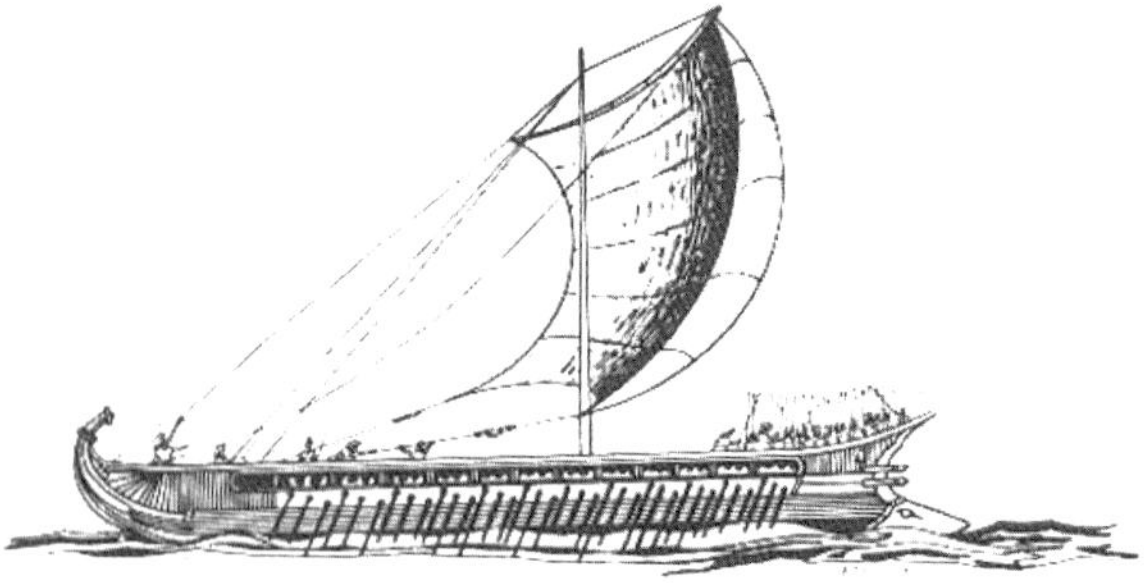

古代ギリシアの三段櫂船

大国同士の対立へ

こうして、当初、シラクサとマメルティニという、シチリア島内での紛争レベルに過ぎなかった諍《いさか》いが、援軍要請を機に、その争いの主役は「ローマとカルタゴ」という、当時の大国同士の対立へと広がり、地中海地域における支配権をめぐる争いにまで発展したのです。これが第一次ポエニ戦争です。

ローマはもともとは市民軍としての「ローマ軍（陸軍）」を中心に勢力を拡大してきたため、海軍の必要性は少なく、必要な場合も同盟軍（ギリシア）の海軍に頼るほどでした。ところがポエニ戦争の相手は「海軍力」で名高いカルタゴであり、ローマも自前での艦船を必要としました。そこでローマは捕獲したカルタゴ船から学び、わずかな期間に独自の五段櫂船《かいせん》を設計したとされます。

結局、第一次ポエニ戦争にあたってローマは１００隻の五段櫂船、20隻の三段櫂船を建造。多くの海戦でカルタゴ軍を破って優位に立ち、紀元前２４１年のアエガテス諸島沖（前ページ地図を参照）におけるローマ軍の勝利によって、第一次ポエニ戦争は終結します。

これによって、カルタゴはローマから多額の賠償金を課せられるとともに、地中海地域の支配権を徐々に失っていくことになります。

ハンニバル

英雄ハンニバル登場、第二次ポエニ戦争へ

カルタゴは第一次ポエニ戦争での損失を補うため、イベリア半島（スペイン）の征服へと向かいます。すでに地中海の制海権をローマに握られてしまった以上、海からのイタリア半島攻撃は不可能です。そこでカルタゴは猛将ハンニバル（紀元前247〜紀元前183）を擁し、ピレネー山脈、そしてアルプス山脈を越え、防備の手薄なイタリア北部からのローマ攻撃を行ないます。これが有名な「ハンニバルのアルプス越え」です。

紀元前219年、カルタゴのハンニバルは、イベリア半島東部に位置するサグントゥム（ローマの同盟都市）への攻撃を行ないます。これが第二次ポエニ戦争のきっかけとなりました。ハンニバルは海岸線沿いに南フランスを進み、象を引き連れてアルプス山脈を越え、紀元前218年12月にはトレビア川を挟んでのローマ軍との戦いで勝利します。

さらに紀元前216年のカンネー（カンナエ）の戦いでもローマ軍を撃破します。しかし同年、〝ローマの剣〟と称された将軍マルケルスは第一次ノラの戦いでハンニバルの進撃を食い止めることに成功し、ローマ軍を大いに勇気づけたのです。

シラクサ、ローマを裏切る

一方、シラクサでは、第一次ポエニ戦争以降、ヒエロン2世の治世下でローマとの同盟関係を結んでいたものの、ヒエロン2世が死去（紀元前２１５）すると、ローマとの同盟を一方的に破棄し、カルタゴ側と手を結びます。

マルケルス

ローマの将軍マルケルスは紀元前２１４年から３年間にわたってシラクサを包囲し、激しい戦闘の末、紀元前２１２年にシラクサを陥落させます。このとき、アルキメデスはローマ軍の兵士によって殺されたのです。

第二次ポエニ戦争に敗退したカルタゴは武装解除されたものの、その後、経済的に驚異の復活を遂げます。再び力を取り戻しつつあったカルタゴを恐れたローマは、さまざまな承諾不可能な要求をカルタゴに突きつけ、最後に拒否したカルタゴを包囲。武装解除されていたカルタゴに勝ち目はなく、3年間、よく籠城で持ちこたえたものの、最後は餓死者も多数出し、紀元前146年に陥落。街は2週間ほどにわたって焼き尽くされます。

この第三次ポエニ戦争の悲劇から数えて2100年後の1985年1月、イタリアのローマ市長とチュニジアのチュニス市長は公式に、「終戦」にサインをしました。

この章では、アルキメデスの軍事兵器が第二次ポエニ戦争でローマ軍をいかに恐怖に陥れたか、そのさまざまな兵器とその現実性について見ていくことにしましょう。

ローマ軍を震撼させた、アルキメデスの「3つの軍事兵器」

アルキメデスの数学力と軍事技術力

2019年のことですが、「アルキメデスの大戦」という映画が上映され、人気を博していました。主人公の天才数学者・櫂直《かいただし》という人物が「数学」や「数式」を駆使し、戦艦大和の建造に反対する急先鋒として描かれていました。

しかし、映画を見ていても、最後まで、なぜ「アルキメデス」の名前が冠せられているのか、その具体的な説明はありませんでしたが、ひとつには主人公が「数学の天才」として驚異的な計算力を示していたこと、もうひとつは数学の力で国を守ろう（あるいは戦争を食い止めよう）としていた点がアルキメデスに似ていたのかもしれません。

紀元前3世紀に生きたアルキメデスも、数学の天才という面と、もうひとつは軍事技術における天才ぶりを発揮しています。その兵器とは、どのようなものだったのでしょうか？　当時の第一級資料から、ふつうの「数学者」とは異なる、軍事面のアルキメデスの顔を覗《のぞ》いてみましょう。

アルキメデスの放つ、3つの軍事兵器

ヨハンネス・チェチェーズ（12世紀の歴史家）の『歴史叢書』には、ローマ軍の艦隊を壊滅に追い込んでいくアルキメデスの3種類の軍事兵器について、いきいきとした描写で語られています。チェチェーズは次のようにいいます。

「ローマの将軍マルケルスが陸海の両軍を率いてシュラクサイ（シラクサ：筆者）を攻めたときに、アルキメデスはその機械をはじめて使って何艘《なんそう》もの艦船を陸に引き寄せ、それをシュラクサイの城壁めがけて持ち上げては、兵士もろともごっそり海底に沈めたのであった」

(Ivor Thomas, *GREEK MATHEMATICAL WORKS* II, Loeb Classical Library, pp.19-23)

ローマの艦船を「巨大な鉤爪」で持ち上げ、艦船を海底に沈めてしまうとは、世にも恐

ローマに包囲され、巨大な鉤爪で対抗するシラクサ

ろしい話です。この兵器は「アルキメデスの鉤爪」として知られています。これがひとつ目のアルキメデスの軍事兵器です。チェチェーズは続けて戦いの様子を描写します。

「そこで、マルケルスは味方の艦船をやや離れたところに引きあげさせたので、次に老幾何学者はシュラクサイがたの全員に命じて荷車の積むほどの大きな岩石を吊り上げさせ、それを次から次へと投げつけて艦船を沈めてしまった」

(Ivor Thomas, *GREEK MATHEMATICAL WORKS* II, Loeb Classical Library, pp.19-23)

これが2番目の兵器、「アルキメデスの投石機」

です。

さらに、残る3番目の軍事兵器が紹介されます。

「そこで、マルケルスは味方の艦船を投石機の射程外に引きあげさせたので、老幾何学者は一種の六角鏡を組み立て、この鏡に適合した距離のところに同様な小さい四面鏡を置き、薄板と一種の蝶番《ちょうつがい》とでもって調節して、それに太陽の光線——それが夏のことであったか冬の最中であったか、いずれにしても真昼の光線が集中するようにした。やがてしばらくの後、それに光線が反射するや、火のように恐るべき炎熱が艦船内に起こり、投石機の射程外ほどの距離を隔てた遠方からそれらの艦船を灰燼《かいじん》に帰してしまったのである」

(Ivor Thomas, *GREEK MATHEMATICAL WORKS* II, Loeb Classical Library, pp.19-23)

これは3番目の兵器、「アルキメデスの熱光線」のことと考えられます。

このようにチェチェーズはアルキメデスが発明、製作した兵器について述べた後、

「このようにして老幾何学者は、自分の工夫した武器でマルケルスがたを打ち負かしてしまった。そこで彼はドリス方言のシュラクサイ訛りでこう叫んだ。『わしの立つ場所さえありゃ、ハリスティオンを使って大地をそっくり動かしてみせように』と」

(Ivor Thomas, *GREEK MATHEMATICAL WORKS* II, Loeb Classical Library, pp.19-23)

と結んでいます。ここに書かれている「ハリスティオン」とは何でしょうか。その詳細は不明ですが、おそらくは「てこの原理」（115ページ参照）を利用して、きわめて重い物をラクラクと持ち上げる機械のこととみてよいでしょう。10kgの物を持ち上げるのに、1対1の距離であれば10kgの力が必要ですが、距離が5倍であれば力はたった5分の1の2kgで済みます。

また「大地を動かしてみせよう」というアルキメデスの言葉は、後のパッポスの『数学集成』にも次のように見ることができます。

「同じ種類の理論に属するものとして〝与えられた力でもって与えられた重量物を動かせ〟という問題がある。これはアルキメデスの機械学に関する発見の一つであるが、彼はこれを発見して、こう叫んだということである。『私に立つ場所を与えてくれるなら、大地を動かしてみせよう』と」

(Ivor Thomas, *GREEK MATHEMATICAL WORKS* II, Loeb Classical Library, p.35)

このように、チェチェーズはアルキメデスの製作した鉤爪、投石機、熱光線について語っているのです。

立つ場所があれば、ハリスティオンを使って地球をも動かしてみせる

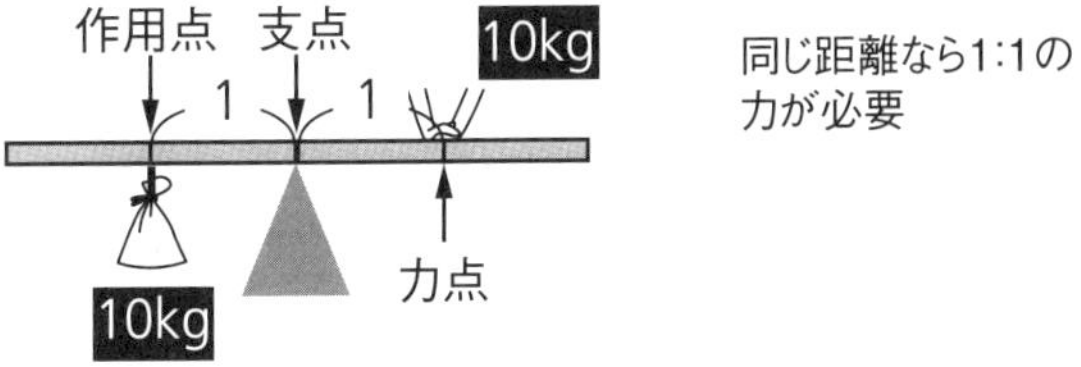

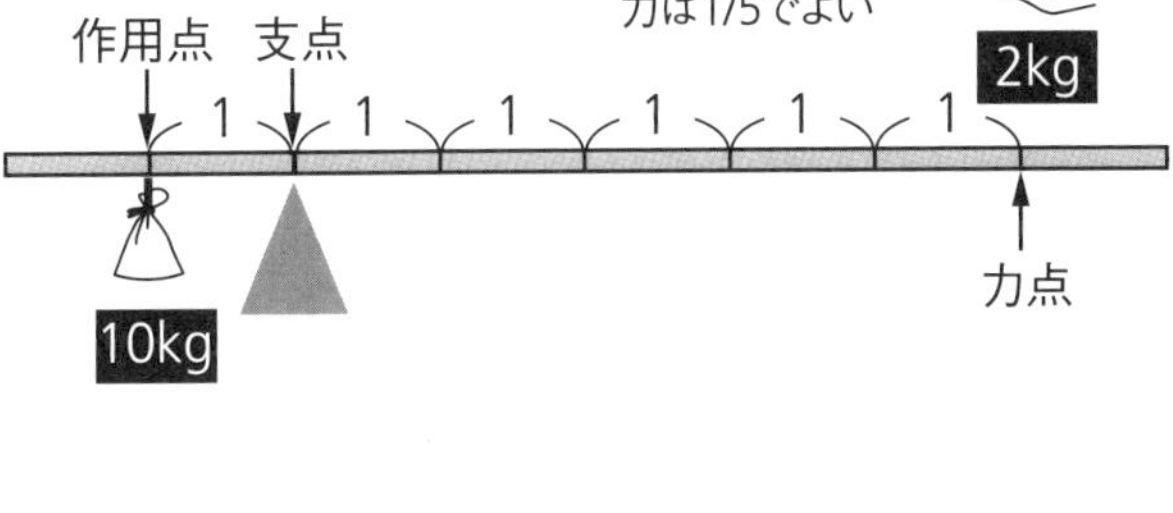

「巨大な鉤爪」がローマの軍艦を高く持ち上げ、岩に砕く

アルキメデスの鉤爪

3つの軍事兵器がどのようにローマ軍を苦しめたのか、その様子を見ていくことにしましょう。

最初の「鉤爪」と呼ばれる兵器は、いわば「巨大クレーン」のような装置のことで、ポリュビオス（紀元前200頃～紀元前118頃）が『歴史』の中で次のように述べています。

「……守備側（シラクサ側のこと：筆者）は鎖につないだ鉄鉤を投げ下ろし、操作者が［機械の］腕をあやつりながらその鉄鉤で舳先《へさき》をつかんだところで、城壁内にある機械の下端を押し下げた。そして舳先が空中に吊り上げられ、船が艫《とも》を下にして立ち上がるかっこうになったのを確認すると、機械の下端を動かないように固定してから、

ある種の解除装置を使って鉤と鎖を機械から切り離した。この結果、船は横腹から落ちたり、宙返りしたりするときもあったが、たいていの場合は、舳先が高所から投げ落とされたはずみで胴体まで海中に沈み込み、船内は海水と混乱であふれかえった」

（ポリュビオス著／城江良和訳『ポリュビオス 歴史 2』京都大学学術出版会、p.409）

この記述から、巨大な鉤爪について以下のような推測ができます。

まず、城壁内に鉤爪のための巨大な支柱（てこの原理の「支点」に相当）が立てられ、支柱の先に長い木製の棒が取り付けられていたと推測することができます。海側に出ている棒の先から鎖状のロープが垂らされていて、ロープの先には金属製の引っ掛ける爪（鉤爪＝「作用点」）が取り付けてあります。

一方、城壁内のほうにも同様にロープが垂らされていて、こちらは滑車を介し、人力で引っ張る（力点）ようになっています。そして、この巨大な鉤爪は次のように用いられるのです。

まず、119ページの図①のように、海側に垂らした金属製の鉤爪を敵船の舳先（あるいは側面）に引っ掛けます。

次に、敵船にきちんと引っ掛かったことを確認したら、図②のように城壁内側のロープを人力で引っ張り、ローマ船を高く、さらに高く持ち上げます。

ここで、船の舳先に引っ掛けた場合には、城壁の内側にある装置によって鉤爪を舳先から切り離し、船を一気に海上に叩き落として船を転覆させてしまいます（図③）。もし、舳先ではなく、船の側面部に鉤爪が引っ掛かった場合には、船は横からひっくり返されて転覆する……という仕掛けです。

鉤爪をかんたんにいうと、「クレーン」を想像するとよいかもしれません。クレーン状の形をした装置の先端にフックがついていて、ローマの艦船の先端をフックで引っ掛け、城壁内部にいる人間が一気にロープを引くとフックが艦船を持ち上げ、船のバランスが崩れて崖にぶつかったり、海に横転させたりして破壊するという兵器です。

鉤爪の恐怖

シラクサは、海に面した部分は城壁で囲んで防御をしていました（111ページのイラスト）。ローマ軍は海から攻撃を仕掛けるとき、まず城壁に船を近づけ、城壁を攻撃するためのはしごを使い、街の内部へ侵入する手順を考えていました。しかし、船を接岸しよう

巨大な鉤爪でローマの艦船を砕く

とすると、アルキメデスの鉤爪に引っ掛けられて船が転覆させられてしまうのです。
またプルタルコス（46頃〜120頃）はその著『英雄伝』（正確には『対比列伝』という）の中で、この鉤爪について次のように語っています。

「軍艦に対しては、城壁から突然、角《つの》のような形をしたものが吊り下げられたと思うと、ある艦はその角の重みに押されて動きがとれなくなり、上から押し込まれて海底に沈められ、ある艦は、鶴の嘴《くちばし》のような形をした鉄の腕で、艦首を上にして吊り上げられて船尾が水に浸かったり、その腕から繰り出された綱にぐるぐるっと振り回されたあげくに、城壁の下に突き出た岩にぶち当てられて破壊されて、多くの乗組員が死んだりした。そうかと思うと、艦が空中に吊り上げられることも何度かあった。そして吊り上げてはあちこちに振り回すという、世にも恐ろしい光景を現出し、ついには人間が艦からあちこちに、ばらばらにほうり出され、空っぽになった艦が城壁に落ちたり、崖に引っ掛かって、そこから海に滑り落ちたりした」

（プルタルコス著／柳沼重剛訳『英雄伝 2』京都大学学術出版会、p.416）

このプルタルコスの記述を見ると、ポリュビオスの記述には見られない「角形のものが艦船を上から押し込んで海底に沈めた」という内容まで含まれています。プルタルコスの言う、「鶴の嘴のような形をした鉄の腕」が、たぶん、アルキメデスの鉤爪だろうと解釈できます。

この〝鶴の嘴〟で艦船をグルグルと振り回したとプルタルコスが述べていることを考えると、海側に突き出た横棒はまさにクレーンのように回転させることもできたのかもしれません。

ローマ軍の艦船の大きさや重量を考えると、ローマ兵たちは信じられない出来事を目の当たりにしたに違いなく、世にも恐ろしい光景だったことは想像に難くありません。

距離を自在に調節できる「アルキメデスの投石機」

アルキメデスの投石機

昔の戦いの風景を映画などで見ていると、「投石機」と呼ばれる投擲《とうてき》兵器がよく登場します。これは人力で、あるいは機械を使って大きな石などを投げ飛ばし、遠くにいる敵や人馬、さらに城などを攻撃する兵器（攻城兵器）のことです。

機械を使わず、人間が投げる投石機としては、いまから1万年ほど前の中石器時代、弓と同時期に発明されたといわれている非常に古い兵器です。初期の投石機は人間が片手で振り回し、石などを遠くまで投げ飛ばすタイプの道具で、古代のシュメール人やアッシリア人も使っていたことがレリーフなどで知られています。

ペルシア王の弟キュロス（小キュロス）に傭兵として仕え、戦い抜いたクセノポン（紀元前427頃～紀元前355頃）の体験記『アナバシス』でも手投げの投石機が絶大な効力を発揮したことが触れられていて、弓の射程（約180m）に対し、この投石機は400mを超える射程距離と見られています。

古代の地中海世界では、東のロドス島（ギリシア）、西のバレアレス諸島（現スペイン領）の人びとがとくに投擲能力に優れていたとされ、現在のオリンピックにも、砲丸投げ、やり投げ、円盤投げ、ハンマー投げなど、個人の投擲能力の優劣を争う競技が残っているのは、その名残でしょうか。

巨大な投石機！

しかし、ポエニ戦争でいう「投石機」はカタパルト、オナガー、バリスタなどと呼ばれるタイプで、人間が手で投げる道具ではなく、ねじられたロープを使い、その強力なねじりバネの力を利用して巨大な岩をはるか遠くまで放り投げる殺戮《さつりく》兵器、攻城兵器です（射程は数百m）。

そして、このタイプの投石機は、アレクサンダー大王（紀元前4世紀後半）も東征の際に使用していますので、戦い上手のローマ軍が知らぬはずはありません。

それにもかかわらず、ローマ兵の驚きぶりから考えると、アルキメデスの投石機は当時知られていた兵器の遥《はる》か上を行く、「非常に強力な改良型投石機」と考えるのが妥当でしょう。ねじりバネを利用した力、てこの原理など、物理学・機械学を知り尽くしたアルキメデスだからこその「最強投石機」で、80kgの石を発射できたといいます。

ポリュビオスは次のように詳細に述べています。

「ところがアルキメデスの方は、どんな距離にでも発射できるように各種の攻撃機械を取りそろえていて、まずまだ遠くにいる船に対しては、大型で強力な投石機と石弓を使って船体を射抜き、敵の出足を止めて恐怖の淵に引きずり込んだ。そしてこれらの石弾が飛び越えてしまうような近距離にまで船が来ると、今度はその距離に合わせて順次小型の発射機に切り替えながら攻め続けたため、とうとうローマ艦隊は収拾がつかなくなり、それ以上の前進は不可能になった」

（ポリュビオス著／城江良和訳『ポリュビオス　歴史 2』京都大学学術出版会、p.408）

この記述からすると、シラクサの守備用の投石機は「遠距離用」と「近距離用」の2種類があったことになります。なお、ポリュビオスが「ローマの艦船」という場合は、その多くは五段櫂船を指します。

このポリュビオスの記述に対し、プルタルコスは『英雄伝』でアルキメデスの投石機で飛ばすことのできる石の大きさ、速度についても描写しています。

「アルキメデスはいろいろな機械を引っ張り出した。敵の歩兵に対しては、ありとあらゆる投石機と、途方もなく大きな石とで対抗した。その石は、信じがたい速さと勢いで落下して、その重さはだれにも防ぎようもなく、その下敷きになった者らは束になって倒れて、陣立てを乱した」

（プルタルコス著／柳沼重剛訳『英雄伝 2』京都大学学術出版会、p.416）

このプルタルコスによる投石機の説明では、アルキメデスの投石機は海上の艦船を相手にするだけでなく、陸上から攻めてくる兵士たちに対しても活用され、大きな効果があったことになります。

古代の戦争に使われていた巨大な投石機。カタパルト、バリスタなどの名前で呼ばれていた。

遠距離用のカタパルト、近距離用のスコルピオス

ローマのマルケルス将軍は百戦錬磨だけに、巨大な投石機（カタパルト）の弱点も知っており、「夜が明けないような暗いうちに城壁に接近してしまえば、もはやカタパルトは役に立たない（数百ｍの射程をもつ投石機では、接近戦ではかえって使えない）であろう」と高をくくっていた節が見られます。

ところが、アルキメデスはその予想の上を行っていました。というのは、遠距離用のカタパルト以外にも、近距離用で小型化・携帯もできる「スコルピオス」（サソリの意味）と呼ばれる武器も用意していたからです。それが先ほどのポリュビオスの記述にもあった「小型の発射機」のことでしょう。このスコルピオスは、ひとりの兵士が持ち運びし、移動できる携帯型兵器だったようです。

そのことについて、プルタルコスは次のように触れています。

「しかしそこはさすがにアルキメデスで、そんなことは先刻ご承知だったようである。どんな距離にも使える仕掛けと、近距離用の弾丸を工夫し、さらに、大きくはないがたくさんの穴を、互いに接近させて掘り、そこへスコルピオスすなわち蠍《さそり》、と称する

近距離から撃つことができる投石機を据えて、敵からは見られずに近くから撃つことができるようにしてあった」

（プルタルコス著／柳沼重剛訳『英雄伝 2』京都大学学術出版会、pp.417-418）

この近距離用投石機スコルピオスは通常の弓とは異なり、「ねじりバネ」のシステムを使用しており、非常に強い力をもたらし、高速の射出による威力と正確性は驚くべきものだったといわれています。

近距離攻撃の得意なスコルピオス

また、こうした武器をたくさんの穴（日本の城を守る三角や四角の狭間に類似したものとみられる）に身を隠しながら、石と弓矢を雨あられとばかりにローマ軍に浴びせかけます。プルタルコスは、次のように述べています。

「アルキメデスのこういういろいろな仕掛けは、ほとんどが城壁の背後に配置されていたからで、そのために、数かぎりない損害が、見えない所から降りかかってきて、ローマ軍の兵士たちは神様と戦争をしているような思いがした」
（プルタルコス著／柳沼重剛訳『英雄伝　2』京都大学学術出版会、p.418）

屈強なローマ兵が「神様と戦っているようだ」と怯えているようでは、「ローマの剣」とまで恐れられたマルケルスにも勝ち目はありません。ローマ兵は、シラクサの城壁に何かが見えるたびに、「アルキメデスがまた、新しい兵器を持ち出そうとしている」などと疑心暗鬼を生じ、浮足立ち、恐怖におののいていたと伝えられているわけです。

アルキメデスの軍事兵器は、こうしてローマ軍のシラクサ攻撃を長きにわたって守り抜くことに成功したのです。

次に3つ目の軍事兵器を見てみましょう。

「熱光線」がローマの軍艦を焼き尽くす

アルキメデスの熱光線、焼く鏡

投石機スコルピオスは近距離用ですから、スコルピオスによって放たれた石が届かなくなるまで遠くに退却したローマ軍艦に対しては、さすがにスコルピオスを使えません。

しかし、そのようなケースについても、シラクサの攻撃は続いたとされています。そのときに用いられたのが「アルキメデスの熱光線」、あるいは「焼く鏡」と呼ばれる、非常に独特な戦略兵器です。

この兵器は数多くの平面鏡（おそらく数百枚）、または凹面鏡を集め、その巨大鏡で太陽光線を反射させ、その光線の先を軍艦に集中させることでローマ艦船を焼き尽くすという、虫眼鏡の巨大版ともいうべき恐ろしい兵器です。

本章のはじめのほうで、チェチェーズの『歴史叢書』の記述を紹介しました（112ページ）。それは、「真昼の光線を鏡に集め、その光線が反射するや火のように恐るべき炎熱がローマの艦船内に起こり、投石機の射程外ほどの距離を隔てた遠方から艦船を灰燼に帰してしまった」というものでした。

バルトルシャイティスの記録

20世紀になってからのことですが、リトアニアのユルギス・バルトルシャイティス・ジュニア（1903〜1988）はチェチェーズの韻文形式の物語集『千万物語』を紹介しています。それは次のような記録です。

「マルケルスの艦隊が弓の射程に入ったとき
老人（アルキメデス）は六角形の鏡をつくらせた。
この鏡の周りに一定の距離を置いて
彼は別のもっと小さな正方形の鏡をいくつか取りつけた。
それらは蝶番と薄板の上で動くことができた。
夏冬変わらぬ南国の

陽光のただなかに彼は鏡を据えた。
太陽光線が反射すると
恐るべき火が船につき
船は弓の距離のところで灰燼に帰した」
（ユルギス・バルトルシャイティス著／谷川渥訳『バルトルシャイティス著作集　4　鏡』国書刊行会、p.145）

このユルギス・バルトルシャイティス・ジュニアはリトアニアの美術史家で、さまざまな光学器械の歴史や鏡についての研究があります。父親も同名で、著名な詩人であり、外交官でもありました。

太陽光を利用した？　アルキメデスの熱光線

ＭＩＴの「死の熱光線」実験、その結果は？

ここまで紹介した３つの軍事兵器のうち、最初の２つ、つまり「巨大な鉤爪」や「投石機」については、古代の歴史家ポリュビオスや、『英雄伝』で有名なプルタルコスが詳しく証言しています。

とりわけ、ポリュビオスの場合はアルキメデスの死（紀元前２１２）後すぐの人物です。当時のことを知るローマの軍人、生き残ったシラクサの人などから直接、間接に話を聞くこともできたはずで、事実と大きく異なることは書きにくいことでしょう。その意味で、ポリュビオスの描写にはかなりの信頼がおけると考えています。

また、アルキメデスの数学や物理学の力、さらには機械に関する並々ならぬ設計力などを考慮すると、鉤爪、巨大な投石機など、いずれも「てこの力」や「滑車」、ねじり力などを応用した兵器であり、アルキメデスの知恵と工夫、そして経験をもってすれば、十分に製作（設計）可能だっただろう、とみることができます。

怪しいと見られた「熱光線」の存在

ところが、熱光線（死の光線）についてはどうでしょうか。実際、アルキメデスと時代が非常に近いポリュビオスは、熱光線については何も述べていません。プルタルコスも同様で、熱光線については触れていません。

「熱光線」については、アルキメデスの死後300年以上もたった頃、サモサタのルキアノス（120頃〜180頃）が「アルキメデスは独特の工夫によってローマ艦隊を焼き尽くした」と述べ、同様にペルガモンのガレノス（130頃〜200頃）が「アルキメデスは敵の船団を燃やした」と熱光線の存在について紹介しているのです。しかし、いかにも時間がたちすぎていますし、彼らがそのように述べる根拠がはっきりしません。

とくに、サモサタのルキアノスの言葉は少し信頼性に欠ける面があります。というのは、彼はふだんから誇張した演説で知られていましたし、2世紀の古い時代の人なのに、『本当の話』という本の中で、「月世界旅行に出かけた」ということまで書いていることからも、熱光線については他のアルキメデスの軍事兵器に比べ、その実在の可能性は怪しい、明らかにウソだ、と見られていました。

鏡で艦船を焼く実験――アンテミオスの検証

たしかに、虫眼鏡で太陽光線を集め、黒く塗った紙に焦点を合わせて焼くことはできても、動いているローマ艦船を鏡で焼くなどという荒唐無稽なことが実際に行なわれたのか、可能なことだったのか？

この点については、昔から疑問をもった人も多かったようで、さまざまな実験が現代に至るまで行なわれ、ポエニ戦争を再現する検証がなされてきました。

まず、いまから１５００年ほど前、東ローマ帝国の数学者、そして建築家でもあったトラレスのアンテミオス（４７４頃～５３４頃）が「殺人光線」についての実証実験を試みたとされています。アンテミオスは、コンスタンティノープル（現在のイスタンブール）の聖ソフィア寺院の再建をイシドロス（ギリシアの建築家）とともに手がけたことでも知られている建築界の実力者です。

アンテミオスの実験では６角形の鏡を中心として、各辺にやや小さい鏡を革紐か玉継ぎ手（球状の関節をもち、自在に回転・傾斜させることができる器具）で取り付け、その外側にさらに別の小さい鏡を同心円状に取り付けていくというものでした。

マーク・ペンダーグラストの『鏡の歴史』（樋口幸子訳、河出書房新社、106〜107ページ）によれば、アンテミオスは鏡を内側に折り曲げ、何度も実験を繰り返すことによって焦点を合わせれば、「特定の位置で燃焼を引き起こすことができるはずだ」と考え、彼はこの実験を実地に応用した可能性があると言われています。


アンテミオスが実験を試みようとした契機は何だったのでしょうか。

筆者が推測するのは、彼の友人であるエウトキオス（480頃〜540頃）やアポロニオスなどの存在があったからではないか、と考えています。エウトキオスも数学者であり、アルキメデスの著作『球と円柱について』『円の測定』『平面板の平衡について』やアポロニオスの『円錐曲線論』の注釈本まで著しています。

また、エウトキオスの自著『アポロニオス注解』の献辞がアンテミオスとなっていることを見ても、エウトキオスはアルキメデスの業績の多くをアンテミオスに教え、アンテミオスは自身が建築家でもあったことから、アルキメデスの数学、物理学、機械学の知識などを総合すれば、それが実際に可能なことか否かを検証してみようと思ったのではないでしょうか。

MITも実験に乗り出す

最近でも、実証実験は行なわれています。たとえば、1973年、ギリシアの科学者イオアニス・サッカスは縦が約1・5m、横が約90㎝の鏡70枚（銅で皮膜）を用意し、50mほど離れたベニヤ板の模型（ローマ艦船）に太陽光を集めて照射したところ、わずか数秒で炎上したと言います。ベニヤ板には燃えやすいようにタールが塗られていたようです。もともと、古代から船の外板の継ぎ目や外側全体に液状の瀝青《れきせい》（自然のタール）やピッチを塗っていましたから、タールを塗ったのは不思議ではありません。液状の瀝青は塗りつけられると乾いて固まり、防水皮膜になったとされます。

さらに、MIT（マサチューセッツ工科大学）の学生による実験（2005年10月）も知られています。彼らの実験は約30㎝の四角い鏡を127枚集め、30m離れた木製（赤いオーク材）の船に太陽の反射光を集めたものです。実験の前に、95人の学生に対して、この実験が可能かどうかを考えさせたところ、95％の学生が「鏡による『死の光線』は不可能」

と考えていたようです。

本来、ローマ船はヒマラヤ杉かヒノキで板張りされていたと考えられていますが、実験に使われたのはオーク材で、このほうが杉やヒノキよりも燃えにくいため、当時のローマ船よりも発火しにくい、つまり、実際よりも厳しい条件下でのテストと言えます。実験では5人のチームメンバーがすばやく127枚の鏡をターゲットの船に向けます。

実験日には曇りとなって中止をしたり（9月30日）、次の実験日（10月4日）も薄曇りだったりと天候に悩まされつつも、急に晴れ間になって、10分も経たないうちに仮想のローマ船に激しい煙が舞い上がり、表面温度は華氏750度以上（摂氏400度）。木材が燃える摂氏233度を超え、次の瞬間、フラッシュ点火。大きな直火が船に発生。およそ1分して水をかけて終了。

船に使った板材の水の含有率によって燃焼するかどうかに大きな影響を与えますが、MITのシミュレーションによれば、ローマ船で使用されていたと思われる杉を使った場合、水の含有率が0％の場合には1分、10％で2分、25％で2分30秒以下、45％で2分30秒、100％で4分で発火すると予想していました。

MITの下した結論は？

MITの結論は、「アルキメデスの時代に可能だったシンプルな方法で燃焼効果を検証した結果、少なくともアルキメデスの神話（死の熱光線でローマ軍艦に火をつけること）は可能である」と。ただし、それは「神話を確かに認めるとか、アルキメデスがそれを実際に行なったに違いないということの保証ではなく、少なくとも『死の光線は不可能』と言い切るのはむずかしい」という結論でした。

その翌年（2006年）、今度はアメリカのディスカバリーチャンネルがMITと同様の実験を行ないます。このときは300枚のブロンズミラー（アルキメデスの時代にはMITの使ったガラスの鏡ではなく、ブロンズミラーであったと思われる）を多人数で手分けして作業し、45m先のローマ船を攻撃。鏡を向けた直後にかなりの煙を発し、数分で船の側面に黒い焦げをつくったものの、「直火は発生しなかった」ため、次に銀の鏡を使用したところ、直火が発生したと報告されています（もともと直火の発生が目前だったため、もう少し時間をかければブロンズミラーでも直火が発生した可能性がある、と指摘しています）。

「怪しい話だ」として、昔から検証されてきたアルキメデスの「熱光線」ですが、これらの実験によれば、「死の光線は必ずしも不可能ではない」というのが、現時点での解釈と言えそうです。

巨大船シュラコシア号をひとりの力で動かす

アルキメデスは3つの軍事兵器以外にも、平時にも役立つさまざまな道具をつくっています。

滑車を利用したアルキメデスの巻き上げ機

古代ギリシア・ローマ時代を通じて最大の巨船、それが「シュラコシア号」です。ギリシア語散文作家のアテナイオス（2世紀後半〜3世紀）による『食卓の賢人たち』では、ヒエロン2世がアルキメデスに建造を命じた巨大豪華船「シュラコシア号」について触れられています。搭乗員は600人以上、船内には競技施設、庭園、神殿まで備えていたといいます。

この巨大船シュラコシア号を建造するために、シチリア島の東部にあるエトナ山（ヨーロッパ有数の活火山）から大量の木材が調達され、その量は四段櫂船60隻分を仕上げるに足りるほどであった、といいます。そのほかの締め釘、ロープ用の麻など必要なものはあらゆる地方から調達されました。しかし、これほどの巨大船ともなると、海に引き入れるのもひと苦労です。これについて、アテナイオスは次のように語っています。

「船のその部分を海に引き入れるについては大いに探究されたが、工夫の才に富んだアルキメデスだけが、わずかな人数の助けを借りてそれをやってのけた。巻き上げ機を作って、かほどの船体を海へ下ろしたのである。巻き上げ機を作る方法を発明したのはアルキメデスだった」

（アテナイオス著／柳沼重剛訳『食卓の賢人たち 2』京都大学学術出版会、p.246）

物理学、そして機械学に通じたアルキメデスだからこそ、可能ならしめたことでしょうし、巨大船シュラコシア号を海に引き入れるための施策も最初から考案していたと思われます。そこは抜かりはありません。そして、「わずかな人数の助け」で済んだということを考えると、このアテナイオスのいう「巻き上げ機」とは、おそらく、大量の滑車を用いた機械と考えられます。滑車を使うことで、力の方向を変えたり、引っ張り力を伝達したり、さらには小さな力で大きな物を動かしたりすることができます。

この船の構造についても、アテナイオスは詳細に述べています。シュラコシア号の船上に設けられた船櫓《ふなやぐら》は8つあり、その一つひとつに角のように突き出た杭が取り付けられ、杭の上には船櫓のてっぺんからはみ出すように、一段高くした壇が設けてある構造です。もし敵船が巨大船シュラコシア号の脇を通るようなことがあれば、その船めがけて石を投げ落として攻撃することができるわけです。そのため、船櫓の中には石と矢が満載されていたようです。その事情について、アテナイオスは次のように詳述しています。

「狭間《はざま》つきの胸壁と甲板が三脚に支えられて船を横切っている。この甲板の上に投石機が取り付けてある。この投石機の力で、重さ三タラントン［約一一四キログラム］の石、または長さ一二ペキュス［約五メートル］の矢を発射することができる。こういう機械を作ったのはアルキメデスである」

（アテナイオス著／柳沼重剛訳『食卓の賢人たち 2』京都大学学術出版会、pp.249-250）

アルキメデスの揚水機（アルキメディアン・スクリュー）

第1章で述べたように、当時、船底に溜まる水をどのようにして外へ排出するかは、船にとっては大きな問題でした。小さな船なら人海戦術による水のかき出しもありえますが、巨大船シュラコシア号ともなると、そこは工夫が必要です。この点についても、アルキメデスは物理学・機械学の知恵を使い、抜かりなかったようです。

「船底の垢溜まりは、どんなにその垢の水が深くなっても、男ひとりでかき出すことができた。アルキメデスが発明したスクリューを使ったのである」

（アテナイオス著／柳沼重剛訳『食卓の賢人たち 2』京都大学学術出版会、p.250）

このアルキメデスのスクリュー（揚水機）は、アルキメデスがアレクサンドリア（エジプト）に滞在していたときに発明したものと考えられていますが、それ以前の可能性もあります。

高い所から低い所へ水を流すのは簡単ですが、逆に低い所から高い所へ水を揚げるにはポンプが必要です。アルキメデスはシュラコシア号を建造する際、船内に溜まった水を船外に排出するため、筒の中にらせん状の板を設けたポンプを考え出しました。これを回転させることで、下に溜まった水を上へ、上へと運び出すことができます。

用途はさまざまで、船の内部に溜まる水を船外に排水するだけでなく、地下深く掘られた坑道からの水を排出するときにも使われます。坑道の大敵は、地下の岩盤から染み出す地下水で、掘削は排水との競争となります。

スペインではローマ時代のアルキメディアン・スクリューが見つかっており、これは炭鉱内の水を排水するためにつくられたものです。日本でも同様に、佐渡の金山でアルキメディアン・スクリュー（日本では、水上輪とか竜尾車《りゅうびしゃ》とも呼ばれた）が江戸前期の寛永17年（1640年）頃に構内排水（揚水）用として地下水の汲み上げに効力を発揮しました。

アルキメデスは軍事エンジニア

アルキメデスは「三大数学者」のひとりですが、しかし、巨大船シュラコシア号の設計、さらに海へ引き入れるための巻き上げ機の製作、水をかき出すためのスクリューの開発、そして忘れることのできない巨大鉤爪、2種類の投石機、さらに熱光線（殺人光線）という軍艦や道具、各種兵器の設計製造を手がけてきました。その威力はローマ軍を3年間にわたって退け続けたことでも証明されています。

このことからも、アルキメデスは天才的な数学者、数理科学者としてだけではなく、驚異的な〝軍事エンジニア〟でもあった証拠と言えます。

しかし、アルキメデス自身はそれを「大いなる偉業」とは思っていなかったようです。プルタルコスも述べていることですが、

「アルキメデス本人は、そんな仕掛けは本気で打ち込むほどのことではなく、むしろ、遊び半分にやっている幾何学のおまけぐらいにしか思っていなかった」

（プルタルコス著／柳沼重剛訳『英雄伝 2』京都大学学術出版会、p.414）

と。

アルキメデスにとっては、兵器や巨大船の設計は、本業（幾何学の研究）の間の暇つぶし、あるいは手休め程度の遊びだったのかもしれません。

第4章

究極の「数学兵器」

——アルキメデスの「直観、発想」の原点に迫る！

『円の測定』の3つの命題

アルキメデスの円周率

誰もがよく知っていて、円の面積を求めるときに使っていたものといえば、「円周率≒3・14」があります。円周率（π：パイ）は本来、3.14159265358979……と永遠に続く「循環しない無限小数（分数の形では表わせない数）」であり、さらに「超越数」（有理数を係数とする代数方程式の解とはなりえない数）でもある特別な数です。

私たちは、それを「3・14」として記憶し、日常的にも利用しています。この円周率を、初めて小数点以下第二位（3・14）まで求めた人物こそ、ほかならぬアルキメデスだったのです。

『円の測定』の命題

円周率をどのようにして求めたのか、その内容はアルキメデスの著作である『円の測定』の命題の3番目（この『円の測定』には命題は3つしかない）に見られます。

『円の測定』には不思議な点が2つあります。ひとつには、アルキメデスの著作は大部の著作が多いにもかかわらず、『円の測定』ではわずか3つの命題しか触れられていないことです。

２つ目の不思議は、『円の命題』の中で使用されている言語です。当時、書物を書く場合にはコイネーを使うのが一般的でした。コイネーとは、アレクサンダー大王（紀元前356～紀元前323）以降のヘレニズム時代に使われていた古代ギリシアの公用語のことです。しかし、アルキメデスはあえてコイネーを使わず、わざとシチリア地方の方言であるドリア方言を使って書いていたのですが（学術・文化の中心地アレクサンドリアへの対抗意識か）、『円の測定』に限ってはそのドリア方言が見られません。その意味でも、『円の測定』は奇妙です。

このため、『円の測定』は後世の誰かがアルキメデスの著作『円の周囲について』の中から命題を3つだけ抜き出し、書き写したものではないだろうか、という憶測がされています。もちろん、個々の内容そのものはアルキメデスによるものと考えてよいのですが、『円の測定』という形で誰かが編集しなおした可能性がある、という意味です。

さて、『円の測定』の中の3つの命題を現代風に書くと、次のようになります。

命題1：円の面積はその半径が直角をはさむ一辺に等しく、その円周が底辺に等しいような直角三角形の面積に等しい。

命題2：円の面積とその直径を一辺とする正方形の面積の比はおよそ11：14である。

命題3：円周率の値は、3と$\frac{1}{7}$より小さくて、3と$\frac{10}{71}$より大きい。

命題1～命題3に対応する図を次ページに掲載しました。

アルキメデス『円の測定』の3つの命題

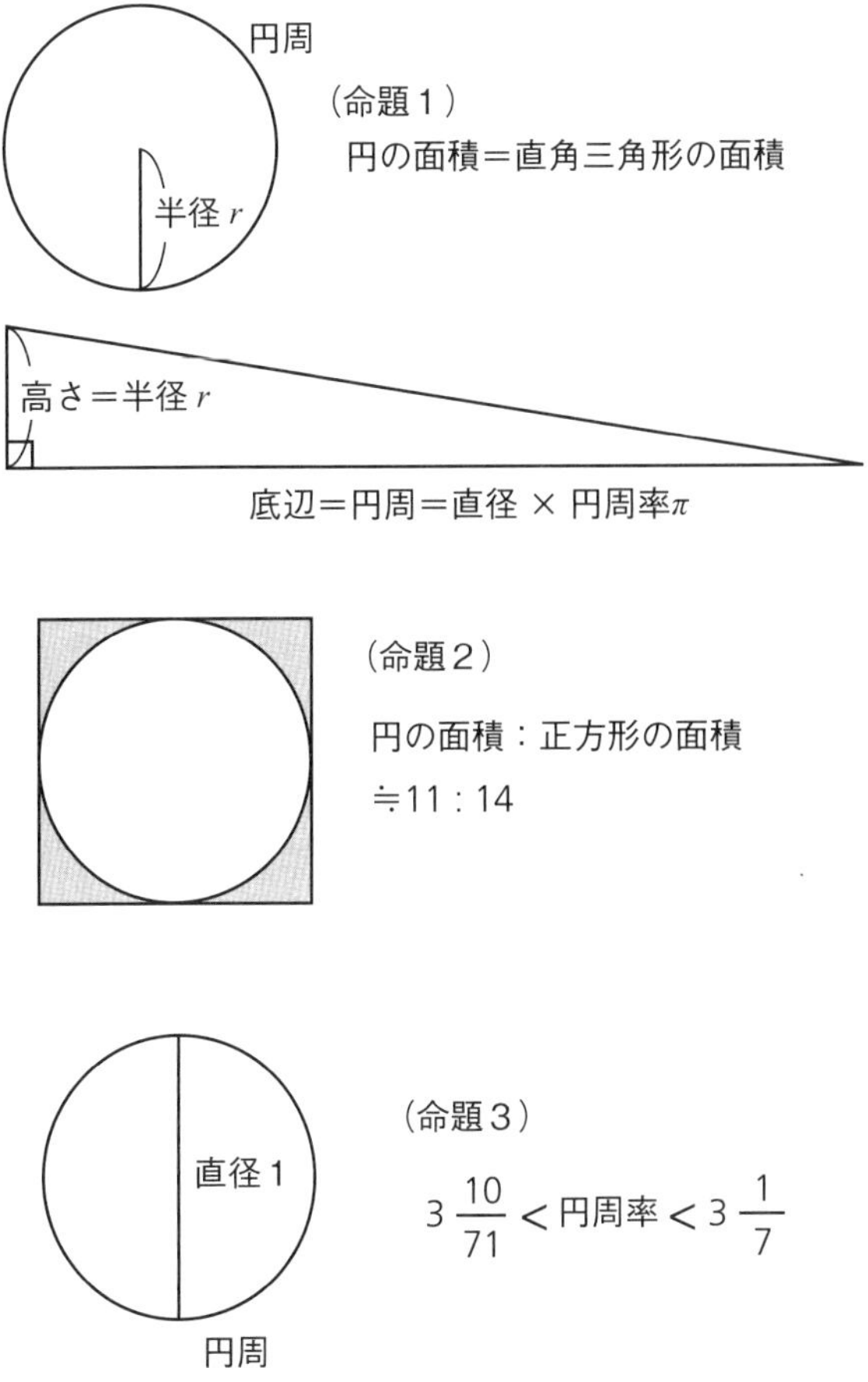

「背理法」と「取り尽くし法」で間接証明をする

命題1は、最終的に前ページの図の「円の面積と直角三角形の面積とが等しい」ことを言いたいのですが、そのために「背理法」と「取り尽くし法」を併用して、

・「円の面積が直角三角形の面積より大きい」と仮定すると矛盾が生じる。
・「円の面積が直角三角形の面積より小さい」と仮定しても矛盾が生じる。

のように、「大きいとしても、小さいとしても矛盾が生じる」ことから、結果的に「等しい」ということを導きます。

この証明の特徴は、直接に証明（円の面積＝直角三角形の面積）をすることがむずかしいため、間接的に証明（大きくもないし、小さくもない。だったら等しい）していることです。これが「背理法」という証明の方法です。「取り尽くし法」を使うときは、「背理法」を伴います。背理法は2回、仮定を否定する方法であるため、「二段階帰謬《きびゅう》法」あるいは「二重帰謬法」と呼ぶこともあります。

もうひとつの「取り尽くし法」とはどのようなものでしょうか。たとえば、円のような

曲線図形の面積についての場合を例にしましょう。円の内部に正方形を描き、その面積を取り去ります。次に、円と正方形の間に生まれる隙間にさらに二等辺三角形を描き、その面積を取り去ります。これを有限回繰り返した後、円と正多角形の隙間に残る微小な面積を考察し、背理法の論理によって最初に望んでいた結果を導き出す方法が「取り尽くし法」です。

この取り去る操作を眺めると、次第に円の面積が正多角形によって、〝取り尽くされる〟、かのように見えます（実際には、取り尽くされたりはしません）。このことから「取り尽くし法」という名前が付けられたのです。この方法はアルキメデスより前の古代ギリシアの数学者、天文学者のエウドクソス（紀元前400頃～紀元前347頃）が発明したことで知られています。

アルキメデスは、この「取り尽くし法」と「背理法」の2つを併用し、命題1を証明しています。「取り尽くし法」を使う理由のひとつは、ギリシア哲学で忌避された「無限」を回避するためです。

命題2は、実は命題3の「円周率がおよそ、$3\frac{1}{7}$であること」を用いて導き出されます。円の直径を1とすると、正方形の面積は1になります（1辺が1なので、1×1＝1）。そして、いま見てきた命題1によって、円の面積（直角三角形の面積）は、半径は$\frac{1}{2}$ですから、

円の面積＝$\frac{1}{2}$×（半径）×（円周）＝$\frac{1}{2}$×$\frac{1}{2}$×（直径×円周率）

となり、円周率がおよそ3と$\frac{1}{7}$（命題3から）であることから、

円の面積＝$\frac{1}{2}$×$\frac{1}{2}$×（直径×円周率）＝$\frac{1}{2}$×$\frac{1}{2}$×（1×3$\frac{1}{7}$）＝$\frac{22}{28}$＝$\frac{11}{14}$

したがって、（円の面積）と（正方形の面積）の比はおよそ「$\frac{11}{14}$：1」となります。こうして、「円の面積と正方形の面積の比はおよそ11：14」となるわけです。

ということは、命題2は「命題3の結果が得られてから」導き出されることになります。明らかに手順が逆です。アルキメデスともあろう天才数学者が、こんな非論理的な手順を踏むだろうか？　そう考えると、やはり、『円の測定』は後世の誰かの手によるものだろ

う、という疑念がますます強くなるわけです。

最後の命題3は、膨大な計算によって得られるものです。アルキメデスは円に内接、外接する正6角形から出発し、正12角形、正24角形、正48角形へと進み、最後に円に内接・外接する正96角形について、

（内接正96角形の周囲）＜（円周）＜（外接正96角形の周囲）

という関係から、円周率の値について、

$$3\frac{10}{71} < \pi < 3\frac{1}{7}$$

という結果を得たのです。分数ではどのくらいの大きさかがわかりにくいので、これを小数に直してみると、次のようになります。

$$3.14084\cdots\cdots < \pi < 3.14285\cdots\cdots$$

つまり、「円周率（π）は、３・１４０８４より大きく、３・１４２８５よりは小さい」と言えます。これら2つの数値から、少なくとも、小数点以下第二位までは共通していますから、「３・14までは正しい」と言えるわけです。

現在、私たちが日常生活でなにげなく使い、常識としている「円周率≒３・14」は、このように２２００年以上も前のアルキメデスの膨大な計算によって導き出されたものだったのです。

アルキメデスは「円周率」をどう求めたか？

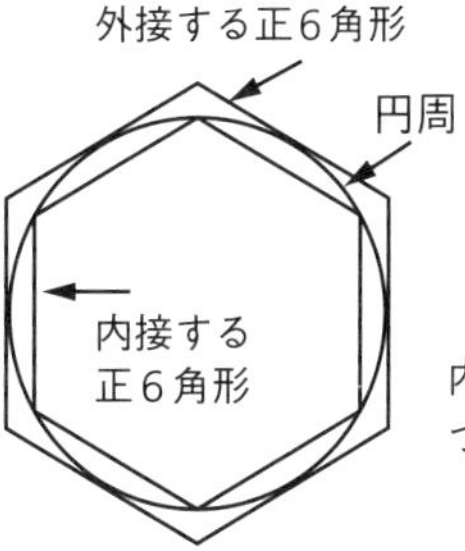

直径1の円を考える

円周は、内接する正6角形の周囲より大きく、外接する正6角形の周囲より小さい。

内接正6角形＜円周＜外接正6角形
つまり、3＜円周＜$2\sqrt{3}$（＝約3.46）

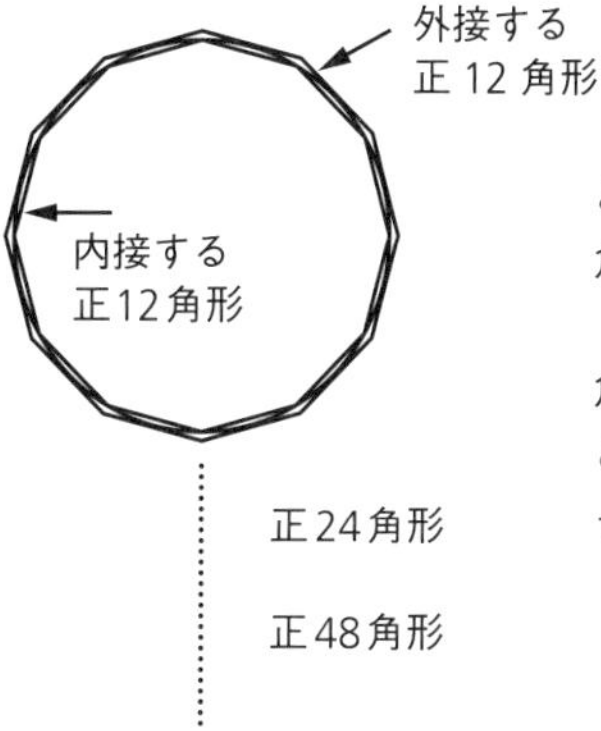

ここで内接・外接する正多角形を、

6→12→24→48→96

角形へと大きくしていくことで、円周率の範囲が狭まっていく。

正96角形

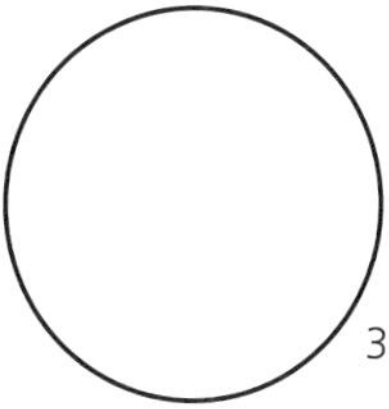

正96角形は、内接・外接ともに、多角形というより、ほぼ真円に近くなる。

$3\frac{10}{71} < \pi < 3\frac{1}{7}$ より、

$3.14084507 < \pi < 3.142857142$

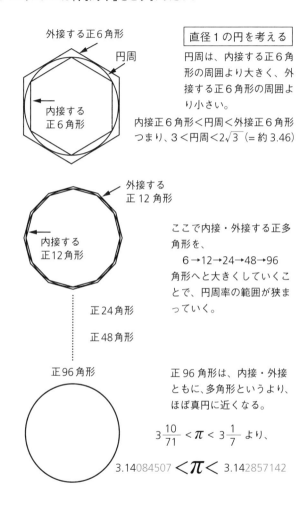

独特な「背理法」＋「取り尽くし法」のミックス証明

取り尽くし法による命題1の証明

おおまかな流れは前節の通りですので、ここでは簡略化することなく、アルキメデスによる『円の測定』命題1の証明を見てみましょう。この証明のために用いる基本的な前提（原理）がひとつあります。それは次のような内容です。

大小2つの量があって、
もし大きいほうの量からその半分よりも大きい量が引かれ、
その残りからまたその半分よりも大きい量が引かれるとする。
これを繰り返すと、有限回の後には、
最初の小さいほうの量よりもさらに小さい量を残すことができる。

この内容は、ユークリッドの著した『原論』第10巻命題1ですでに証明されているもので、取り尽くし法を発明したエウドクソスの名前を冠して「エウドクソスの原理」と呼ばれています。有限の世界では「あたりまえのこと」ですが、無限を回避する取り尽くし法では、この原理が有効に活用されます。

アルキメデスは取り尽くし法と背理法を併用して、前述したような「円の面積は……直角三角形の面積に等しい」という命題1（152ページ）を証明したのです。

たとえば、円の面積と直角三角形の面積とが「等しくない」と仮定すると、円の面積は直角三角形の面積よりも大きいか、小さいかのいずれかしかありえません。ところが、そのいずれを仮定しても矛盾が生じるならば、結果的に「面積は等しい」ことが証明されます。これが、前節でも説明した背理法による証明です。

そして、この背理法の証明の中で「取り尽くし法」が用いられるわけです。

間接的な証明方法

次の証明（164〜166ページ）においては、円の面積を［円］と表現し、直角三角形

Sの面積を［直角三角形］と簡略化したとき、最初に

仮定1……［円］は［直角三角形］よりも大きい

と仮定すると、矛盾が生じることを示します。

この証明に続いて、

仮定2……［円］は［直角三角形］よりも小さい

と仮定したときも、同様に矛盾が生じることを示します（証明は同様）。つまり、

「大きいと仮定すると矛盾」が起きる
「小さいと仮定しても矛盾」が起きる

どちら立たずということから、最終的に

（円の面積）＝（直角三角形の面積）

という結論が出てくるわけです。では、厳密な証明を見ていただきましょう。

【証明】［**円（の面積）**］＞［**直角三角形（の面積）**］と仮定すると、その差として、

［円］－［直角三角形］　……❶

が存在する。この差は後で用いる。

下図のように、円から内接する正方形ABCD（薄アミ部分）を取り去ると、円のまわりに弓形AEB、弓形BFC、弓形CGD、そして弓形DHAの４つの弓形が残る。これらの弓形から、さらに内接する二等辺三角形AEB、BFC、CGD、DHAの４つ（濃いアミの部分）を取り去ると、円のまわりには弓形AE、弓形EBなどの８つの弓形が残る。これらの弓形から、さらに内接二等辺三角形を取り去っていく。

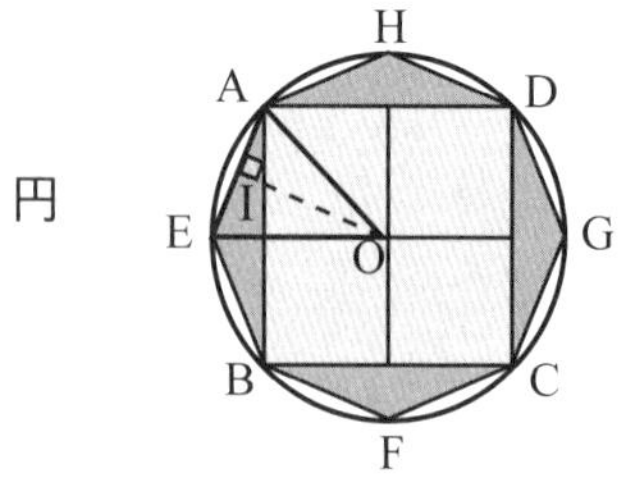

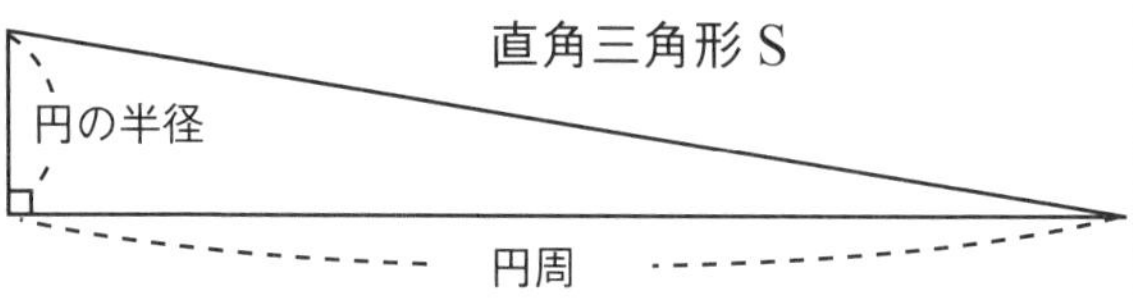

これを有限回繰り返すと、円のまわりには多くの小さな弓形が残ることになる。その面積は円の面積から内接正多角形の面積を除いたもの、すなわち、

[円]－[内接正多角形]　……❷

となる。

ここで「エウドクソスの原理」を用いれば、上の❷は、最初に述べた❶よりも小さくすることができる（つまり、❷<❶）。よって、

[円]－[内接正多角形]

< [円]－[直角三角形]

となる。このことから、次のことが言える。

[内接正多角形] > [直角三角形] ……①

ところで、内接正多角形は三角形 AOE などの面積（$\frac{1}{2}$ OI・AE）の集まりだから、

内接正多角形の面積

$$=\frac{1}{2}\times（高さ）\times（内接正多角形の周囲）$$

となる。また、直角三角形［S］の面積は、

直角三角形［S］の面積

$$=\frac{1}{2}\times（半径）\times（円周）$$

となる。

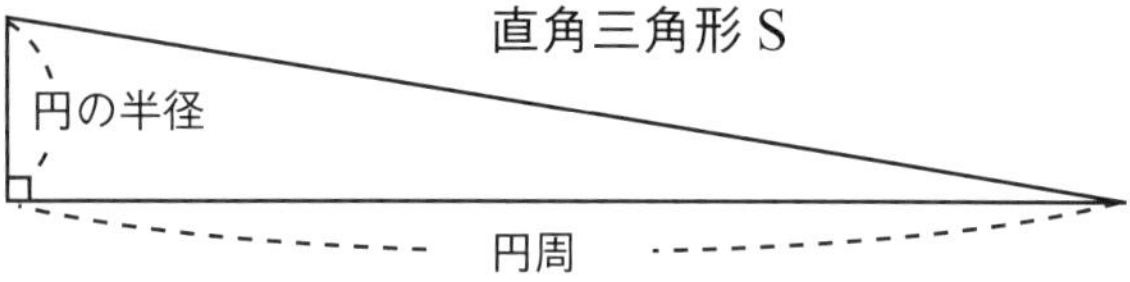

この両者を比較すれば、

・係数の 1/2 は同じ

・（高さ）＜（半径）

・（内接正多角形の周囲）＜（円周）

なので、結果的に、

［内接正多角形］＜［直角三角形］……②

となる。

ここで、①と②は相反する結果だから矛盾する。

したがって、

［円（の面積）］＞［直角三角形（の面積）］
という「仮定は誤りだった」

とわかる。

これで、仮定1の［円ABCD］は［S］よりも大きい、は誤りだとわかりました。この場合、正方形は円に内接させて証明しました。

続けて、仮定2の［円ABCD］は［S］よりも小さい、が誤りだとわかればよいのですが、これは正方形を円に外接させて証明します。方法は同じですので、自分でチャレンジしてみてください。

「証明」する前に〝直観〟で答えを知っていた！

アルキメデスは事前に「答え」を知っていたのか？

前節で見てきたように、『円の測定』命題1で、アルキメデスは「円の面積が直角三角形の面積に等しい」ことを証明しました。これはすでに述べてきたように、最初に「2つは等しくない」と仮定しておき、「等しくない、と仮定したときに矛盾が起きる」ことから、結果的に「等しい」ことを導き出すという、〝もってまわった〟形での証明でした。これを間接証明と呼んでいます。

ここに、ひとつ疑問が生じます。それは、わざわざ「2つの面積は等しくない」と言っておき、その矛盾から「等しい」という以上、アルキメデスは初めから「2つの面積が等しい」ことを何らかの方法で知っていたのではないか、という疑問です。

もしそうだとすると、アルキメデスはどのようにして「等しい」ことを事前に知っていたのでしょうか。どこからか解答のヒントを得ていたのでしょうか。実は、その通りなのです。それは「円の無限分割法」とでも言うべき方法によってだったのです。

ヒントは円を無限に分割する方法

次ページの図のように、まず円を4つの扇形に分割してみます。次に8等分、さらに16等分……と分割しながら、この扇形をさらに分割していき、最後には「無限に分割」していったと仮定します。すると、一つひとつの小さな扇形の曲線（底辺）を直線と考えてしまえば、もはや「扇形は、二等辺三角形」とみなしてもよいでしょう。

円の無限分割法

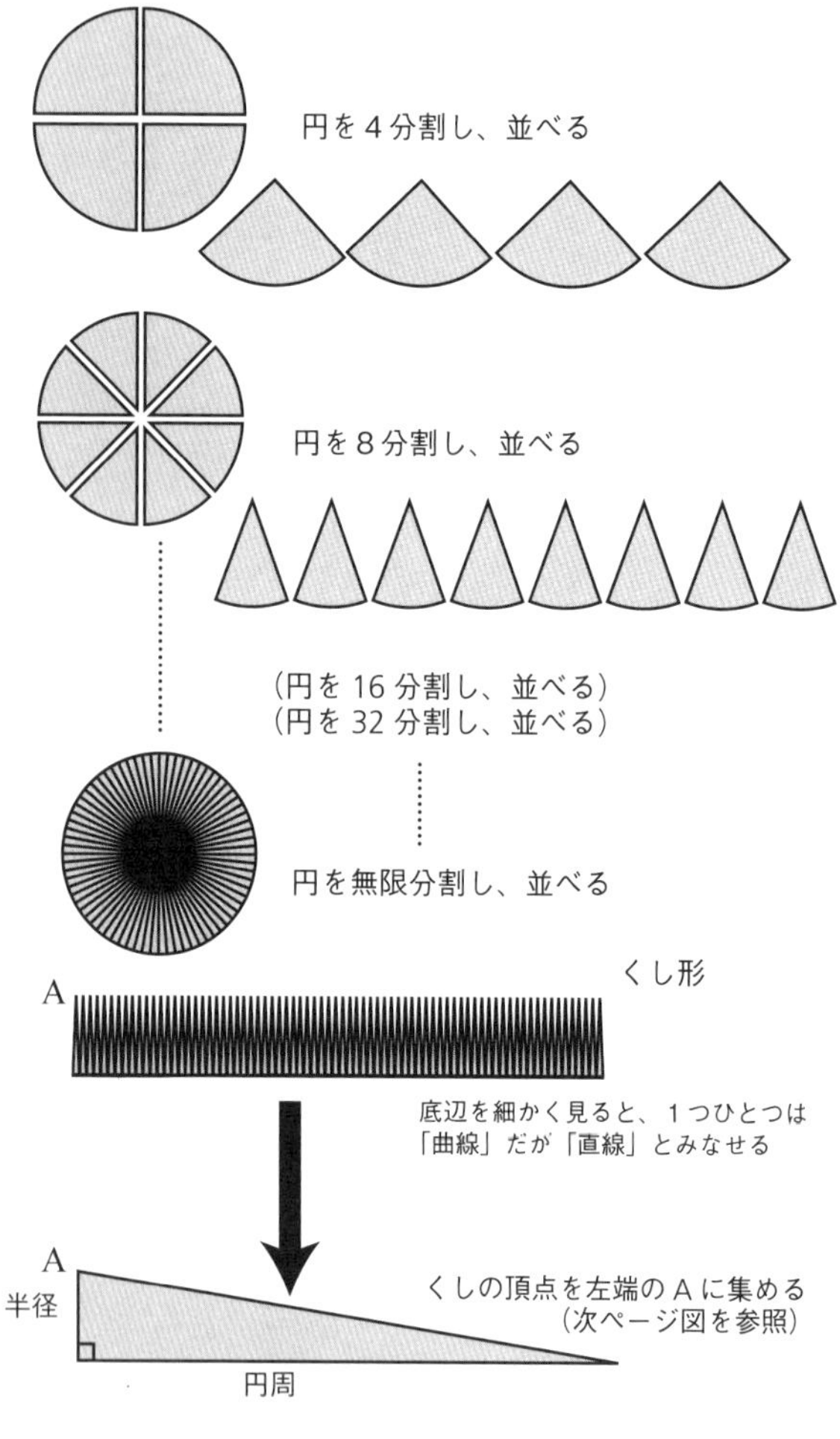
円を４分割し、並べる
円を８分割し、並べる
（円を 16 分割し、並べる）
（円を 32 分割し、並べる）
円を無限分割し、並べる
A
くし形
底辺を細かく見ると、１つひとつは
「曲線」だが「直線」とみなせる
A
半径
くしの頂点を左端の A に集める
（次ページ図を参照）
円周

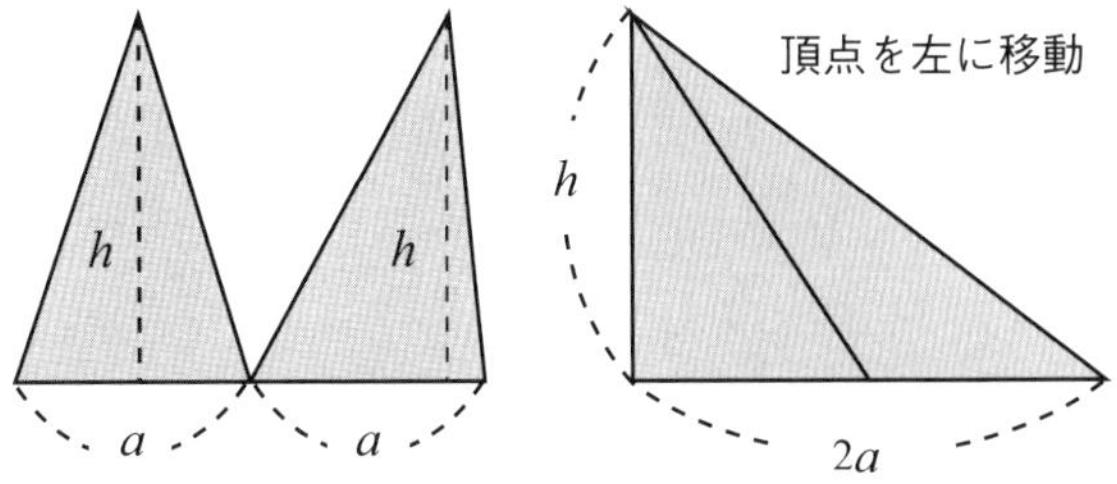

$$\frac{ah}{2}+\frac{ah}{2}=ah \qquad \frac{1}{2}\times(h\times 2a)=ah$$

底辺、高さが同じ複数の三角形は、1つの三角形に等積変形できる

次に、円周はどうなるでしょうか。円周を「1本の糸」のようにみなすと、ピンと伸ばせば「直線」と考えられます。そうすると、この1本の直線上に無数の二等辺三角形が立ち並ぶ姿が思い浮かびます。いわば「くし形」です。このくし形の無数の頂点を、左端の点Aに集めたとしても、三角形の面積は変わらないはずです。なぜなら、三角形の面積は「底辺」と「高さ」だけで決まる（上図参照）からです。これを「等積変形」といいます。

次に、円の半径はどうでしょうか。くし形の「高さ」に相当し、これは直角三角形の図でいえば、「直角をはさむ一辺」に等しくなります。

最後に残った円周は、これは「直角三角形の底辺」に等しくなります。これで、円は直角三角形に等積変形されたことになります。こうして、命題1の証明すべき内容をアルキメデスは事前に発見していた、と考えられるのです。

しかし、いま説明してきた手法を「証明」と言ってよいものでしょうか。たしかに、イメージとしては「扇形＝二等辺三角形」「半径＝高さ」「円周＝底辺」……と、いかにも証明できたかのように見えるかもしれませんが、とても証明と言えるものではありません。なぜでしょうか。

「証明」ではなく「直観」にすぎない

まず、円の扇形への分割を「無限に行なう」ということ自体、非常に曖昧模糊《あいまいもこ》としています。次に、小さく小さく分割していった場合、筆者は、わざと傍点を振って、「一つひとつの小さな扇形の曲線（底辺）を直線と考えてしまえば、もはや『扇形は、二等辺三角形』とみなしてもよいでしょう」と書きました。けれども、いくら小さくしていったところで、「扇形はあくまでも扇形」であって、「曲線は曲線」のままです。決して、曲線は直線にはなりえませんし、扇形は二等辺三角形になりえません。読者は、ごまかされてはいけません。

つまり、これは「厳密な意味での数学的証明とは言えない」代物なのです。あくまでも

「正しそうだ」「うまくいきそうだ」という、直観に依拠したものと言えます。

アルキメデスも当然、気づいていました。そこでアルキメデスは「正解に気づいた」後、当時のギリシア世界で正当な証明方法として認められていた「背理法」と「取り尽くし法」を併用することで、前節のように命題の証明を回りくどく行なったわけです。

こうして、〝円の無限分割法〟という、実にすばらしいアルキメデスの妙案はひたすら裏に隠しておかれ、誰にも口外されることはなかったのです。

球の体積、表面積をアルキメデスはどう求めたか？

アルキメデス求積法における「数学兵器」

アルキメデスは球の体積をどのように求めたのでしょうか。アルキメデスは『球と円柱について』（第1巻）の命題34において、次のことを証明しています。

「球の体積は、球の大円に等しい底面をもち、球の半径に等しい高さをもつ円錐の体積の4倍である」

「大円」とは、球の中心を含む平面で球を切ったときの断面にできる円のことをいいます。

命題34の証明の方法は、前述した円の面積に関する証明と同様です。すなわち、「球の体積が円錐の体積の4倍より大きい」と仮定しても、逆に「4倍よりも小さい」と仮定し

球と円錐の体積比は4：1

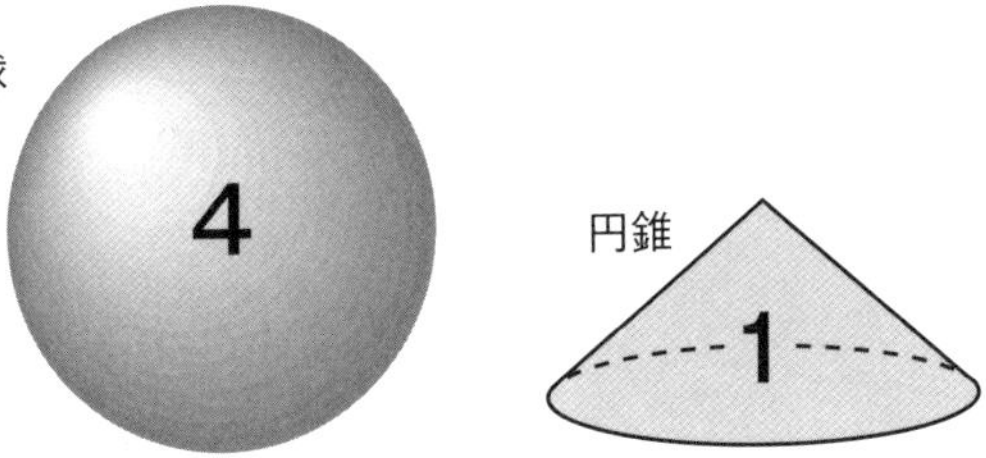

ても、どちらの場合でも「矛盾が生じる」ことを示し、そうであれば「等しい」ことを証明するものです。
この場合も「球の体積は、円錐の体積の４倍になる」ことを何らかの方法で見当をつけておかないといけません。

天秤を使った球の体積の予見

では、アルキメデスはどのようにして事前に見当をつけていたのでしょうか。それは「天秤の釣り合い」という、当時のギリシア世界における破天荒な方法で、アルキメデスの面目躍如たるものでした。

アルキメデスは１７７ページの上図のように、円柱とその中の大きな円錐ＡＢＣを想定します。さらに、円柱の上下面に接する球と、その中の小さな円錐ＡＤＥを考えます。ＢＣはＤＥの２倍になっています。

ここで真ん中の図のように、任意の断面MNでそれぞれの立体を切ると、下の図のように、

（1）円柱の断面円
（2）球の断面円
（3）大円錐ABCの断面円

の3つの円がつくられます。

3つの断面円ができる

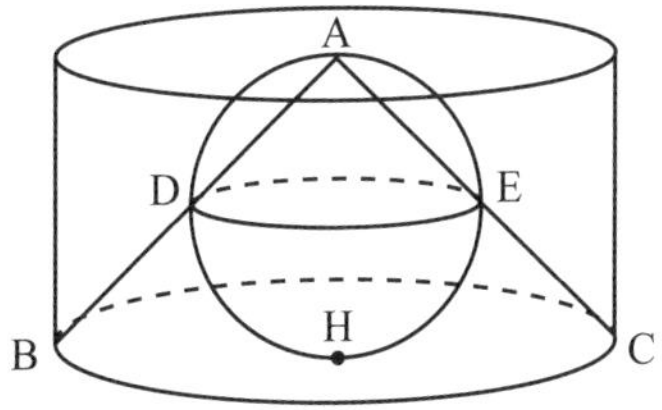

①円柱
②その中の大きな円錐 ABC
③円柱の上下面に接する球
④球の中の小さな円錐 ADE

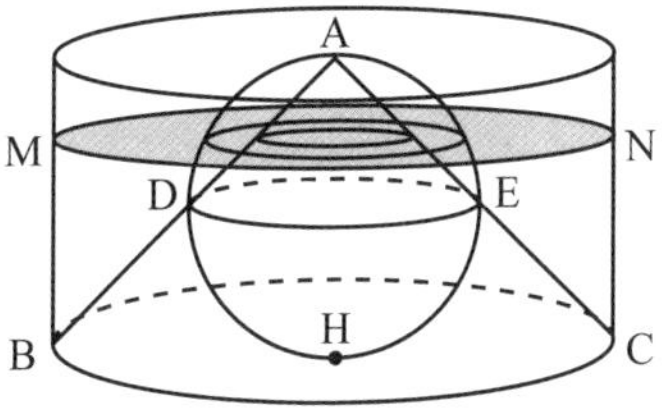

断面 MN（任意）で切る

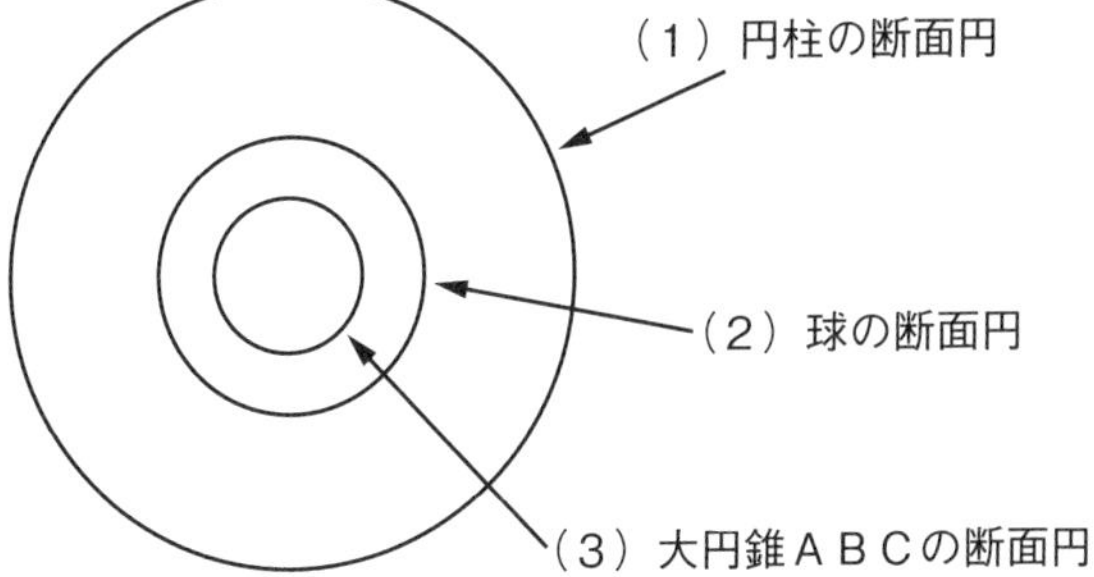

天秤に断面円をつるしてみると？

この3つの断面円を次ページの図のように天秤（Aが天秤の支点）につるしてみます。すると、どうなるでしょうか。まるで魔法にでもかかったかのように、両者はみごとに釣り合ってしまうのです。しかし、これは魔法でも何でもなく、アルキメデスは、これらが釣り合うことを前もって緻密な計算によって確かめていました。

天秤はAHを延長してつくられたもので、その長さは球の直径の2倍になっています。MNは任意の断面でしたから、このような釣り合いは、どの断面においても成立します。ですから、円柱や球、円錐がそれぞれ無数の断面円によって構成されると考えると、これら3つの立体が下図のように釣り合うことになります。

したがって、

［球＋大円錐ABC］：［円柱］＝1：2

このことから、

3つの断面円を天秤につるしてみる

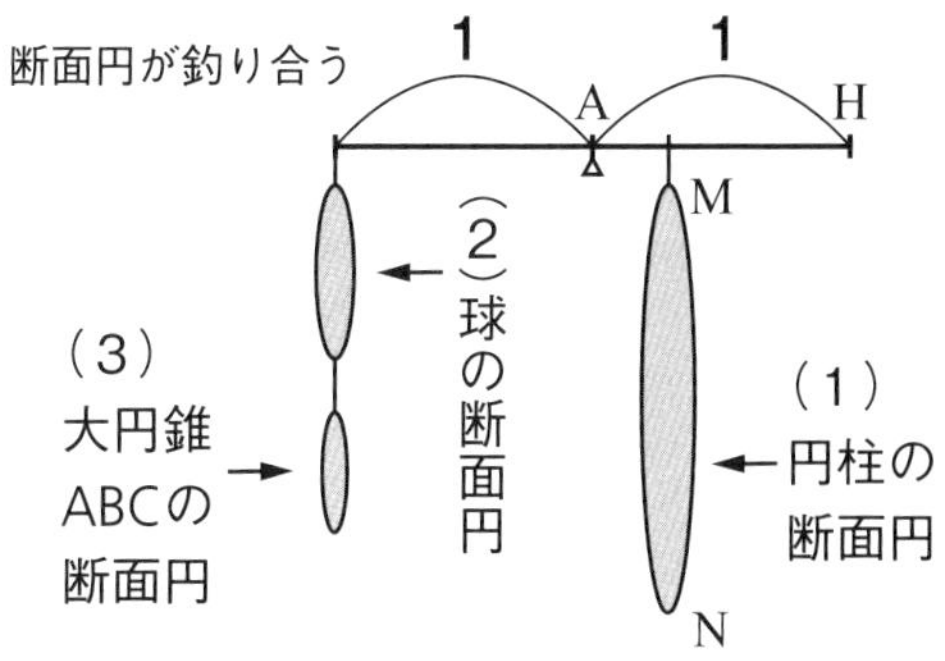

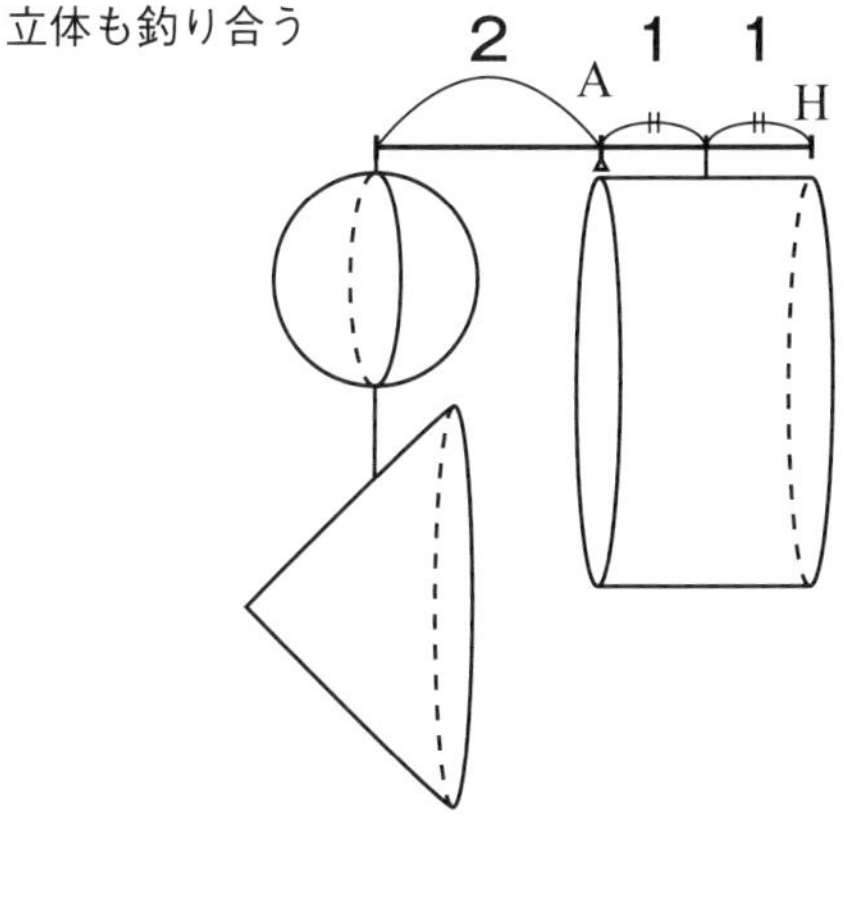

2×（球）＋2×（大円錐ABC）＝（円柱）

そして、底面積と高さが同じ場合、円柱は円錐の3倍の体積ですから、

2×（球）＋2×（大円錐ABC）＝3×（大円錐ABC）

両辺から、2×（大円錐ABC）を消去できるので、

2×（球）＝（大円錐ABC）

となります。

また、大円錐ABCと小円錐ADEを比べると、高さも半径もそれぞれ大円錐ABCのほうが2倍になっていることから、体積は8倍（$=2^3$）になっていると言えます。

したがって、

$$2\times(\text{球})=8\times(\text{小円錐ADE})$$

このことより、

$$(\text{球})=4\times(\text{小円錐ADE})$$

となり、命題34の内容にあった通り、「球の体積は円錐の体積の4倍である」（ここでの円錐は「小円錐」のこと）ということが導き出されたわけです。ちなみに、球の半径をrとすると、

$$\text{小円錐の体積}=\frac{1}{3}\pi r^3$$

です。したがって、「球の体積は小円錐の体積の4倍である」ということから、

球の体積＝小円錐の体積の4倍＝$\left(\frac{1}{3}\pi r^3\right)\times 4=\frac{4}{3}\pi r^3$

となります。球の体積は$\frac{4}{3}\pi r^3$ですから、正しいことがわかります。

天秤のアイデアはアルキメデスの『方法』の中で扱われている

このような天秤の釣り合いを用いた球の体積の求め方は、アルキメデスの最晩年の著作『方法』の中の命題2で扱われているものです。

つまり、「天秤の釣り合い」という機械学的な方法を数学（幾何学）に適用しているのです。これは機械学を知り尽くしているアルキメデスならではの方法、と言えます。

なお、球の体積に関する『方法』命題2の後に、アルキメデスは補足的に球の表面積についても、次のように述べています。

「任意の円は円周に等しい底辺と円の半径に等しい高さとをもつ三角形に等積であることから推して、同様に、任意の球は、球の表面積に等しい底面と半径に等しい高さとをもつ円錐に等積であるということが予想されるからである」

（三田博雄訳「アルキメデスの科学」世界の名著9『ギリシアの科学』田村松平責任編集、中央公論社所収、p.427）

この記述は、前述した「無限分割法による円の面積の求め方」を思い出させてくれるものです。すなわち、「円の面積＝直角三角形の面積」に変形したと同じように、「球の体積＝円錐の体積」とできるに違いない。つまり、球の中心を頂点とし、球の表面の微小な部分を底面とする円錐（錐体と言うべき）によって球を分割し、この分割を無限分割と考えるのです。

球の表面積を求める

まず、球の表面が伸縮自在なゴム膜でできていると考え、球面に針を刺してギュウギュウと引き延ばして平面状にすると、平面化された球面の上に「微小な錐体」が林立することになります（185ページの図）。

ここで「等積変形」を適用すると、下図のように、球の表面を底面とし、半径を高さとする円錐ができることになります。これが「球の体積に等しい」ことが直観的にイメージされるわけです（あくまでも直観的に）。

再度、説明すると、球の表面に小さな円を描きます。その円と、球の中心Oを結べば「円錐」ができあがります。この微小な円錐を次々につくっていきます。これを繰り返していけば、もとは「球」だったものを「円錐」に見立てることができます。

球の半径をr、表面積をSとすると、この円錐の体積は$\frac{1}{3}Sr$となります。これが球の体積$\frac{4}{3}\pi r^3$に等しいのですから、$\frac{1}{3}Sr = \frac{4}{3}\pi r^3$より、

球の表面積$S = 4\pi r^2$

となって正しい結果（球の表面積）が得られます。

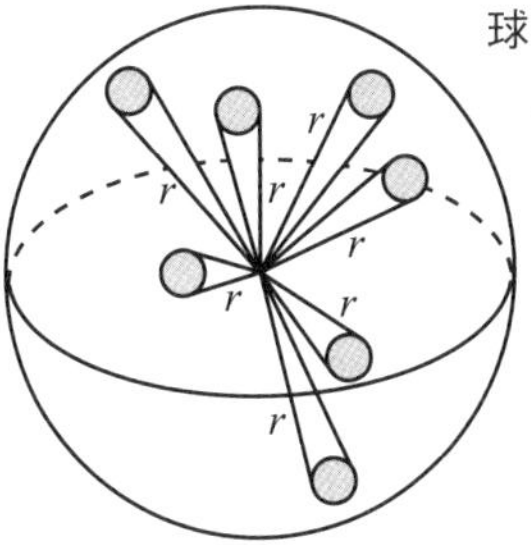

球の表面に円を取り、
その円と球の中心とを結ぶと円錐ができる。それを続ける。球の中心までの距離はどれも半径 r となる。

上でつくった無数の円錐を並べ直す。

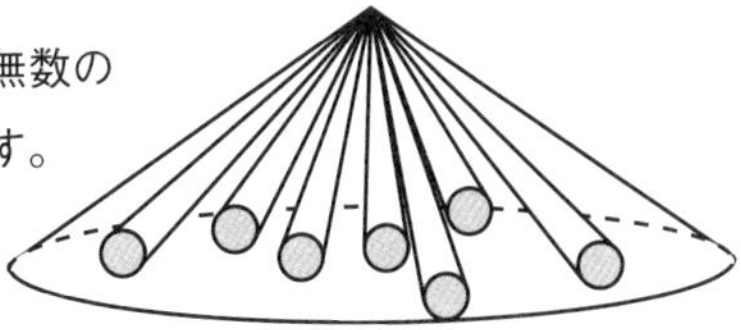

球の体積は
・底面が球の表面積
・高さが半径 r
の円錐の体積と同じ。

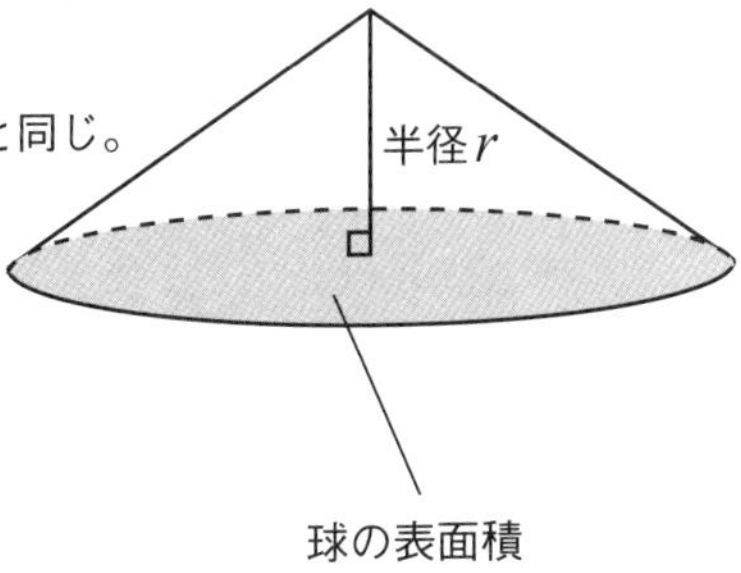

「数学兵器」は機械学の知識をフル活用していた

時代を超越した「反ギリシア的・数学の新兵器」

天秤の釣り合いという、機械学的な方法を幾何学（求積）に応用することは、まさに時代を超越した独創的なものと言えます。もっと言えば、アルキメデスにとって、天秤を用いた機械学的方法はそれまで誰もがなし得なかった「新しい結果を生み出すための『数学兵器』そのもの」であったとも言えます。

その〝数学兵器〟の絶大な威力は、著作『方法』に示された諸命題を見れば一目瞭然です。現在までに伝わっている『方法』には、以下の15の命題が掲載されています。

命題1：放物線の切片の面積
命題2：球の体積と表面積

命題3：球状体の体積（球状体とは回転楕円体のこと）
命題4：直角円錐状体の切片の体積（直角円錐状体とは回転放物線体のこと）
命題5：直角円錐状体の切片の重心
命題6：半球の重心
命題7：球の切片の体積
命題8：球状体の切片の体積
命題9：球の切片の重心
命題10：球状体の切片の重心
命題11：鈍角円錐状体の切片の体積と重心（鈍角円錐状体とは回転双曲線体のこと）
命題12、13：円柱切片の体積（天秤の釣り合いによる機械学的方法）
命題14：円柱切片の体積（後述する〝不可分法〟によるものか？）
命題15：円柱切片の体積（二重帰謬法による幾何学的証明）

本書の第2章の後半部（79～93ページ）で述べた「古代ギリシアにおける数学思想」の特徴を思い出していただければ、アルキメデスの「数学兵器」がいかに当時のギリシア思想を超越していたかがわかるはずです。古代ギリシアの世界において支配的であったプラトン主義にもとづく数学においては、ユークリッド『原論』での、

・「点」とは、部分をもたないものである
・「線」とは、幅のない長さである
・「面」とは、長さと幅のみをもつものである

などの定義に象徴的に見られるように、幾何学的な図形はイデア的存在でした。すなわち、「線には幅がなく、面には厚みがない」のです。

そのような古代ギリシア世界にあって、アルキメデスは脱イデア的存在として幾何学的図形を扱い、天秤という機械学の範疇《はんちゅう》に組み入れて、多くの曲線図形や曲面立体の面積、体積を求めることに成功したのです。つまり、その手法はまさに「反ギリシア的」であったと言えます。

反ギリシア的思想――面積に重さがあるのか？

アルキメデスの思考が、どうして「反ギリシア的な思考様式」であったのかを説明しましょう。

第1に、球の体積の求め方で見たように、アルキメデスは3つの断面円を天秤につるしていました（179ページ）。2つの断面円（球、円錐）と、1つの断面円（円柱）とを天秤の左右につるして比べるという発想は、それは「円に重さがある」ことを前提としている、ということになります。そもそも、幾何学的な図形の円に「重さ」を想定すること自体が「反ギリシア的な考え方」です。

第2に、アルキメデスは「無数の断面円によって円柱、球、円錐などの立体が構成される」と考えました。しかし、平面図形である円には、本来、「厚み」がないはずです。ですから、「厚みが0」の円をいくら多数（無数に）集めたところで、立体が構成されることなど、ありえない話です。

第3に、アルキメデスは天秤の釣り合いという機械学に関する法則を、なんと、機械学よりも上位に置かれるべき数学に適用してしまいました。これは古代ギリシアにおけるプラトン主義的な

「哲学 → 数学 → 自然学（機械学）」

という学問階梯においては、断じて許されないことでした。

天秤は超時代的な秘密の「数学兵器」だった!

このような反ギリシア的思考様式に満ち満ちたアルキメデスの方法は、文字通り「(当時のギリシア的な)時代を超越していた!」と言えるでしょう。まさに、天秤はアルキメデスにとって数理科学分野全般における「秘密兵器」であったのです。

アルキメデスの方法は、時代を飛び越えて近代(とくに17~18世紀にかけての微分・積分)へ大きな影響を及ぼすことになります。アルキメデスはそのことを見越していたかのように、著書『方法』の序文の中で、天秤の釣り合いを利用する機械学的な方法に関して次のように述べています。

「私が以前に発表しました定理も、いまこれから発表しようとする定理も、それらの発見に最初に到達することができましたのは、ほかならぬこの方法のおかげだったのです。この方法については、すでに以前に(『放物線の求積』の序文で)言及したことがありますが、それがたんなる空言を弄したにすぎなかったなどと思われたくありませんし、他方ではまた、その方法は数学にとって少なからず有用であるだろうと確信しておりますので、この方法を解説しておく必要があると存じます。と申しますのは、この方法がひとたび確立されるや、当代のみならず次代の人びとの中から、私自身がかつて思いもかけなかったようなほかの定理を、この方法によって見出すことのできる人があらわれてくるであろうと察せられるからです」

（三田博雄訳「アルキメデスの科学」世界の名著9『ギリシアの科学』田村松平責任編集、中央公論社所収、p.422）

このように、アルキメデスは彼の方法や成果を用いて、未来の人びとがさらに新しい発見をしてくれることを期待していたのです。実際、アルキメデスの業績は中世を飛び越え、近代の力学や求積法（積分）に大きな影響を与えました。

では次に、アルキメデスの思考を継いだ近代の数学者、物理学者たちの仕事とアルキメデスとの関連をみていくことにしましょう。

天秤を〝運動〟にまで進化させたガリレオ

アルキメデスの近代力学への影響

近代力学の父と呼ばれたガリレオ・ガリレイ（1564〜1642）は、アルキメデスの天秤を求積法（数学）にではなく、運動学（物理学）に適用しています。アルキメデスの静力学における概念を、ガリレオが動力学化していった端的な例として、いわゆる斜面上の運動をあげることができます。

ガリレオ

ガリレオはその著『運動について』第14章において、傾きの異なる斜面上での運動の速さの比について論じています。そこでは、天秤につるされた錘《おもり》という静力学的なケースを動力学化しながら、

「斜面の傾斜が大きいほど、物体の速さも大きい」

ということを証明しているのです。その証明の概要は以下の通りです。

ガリレオは図のように天秤CDを考え、天秤の腕ADが点Dを出発し、点Bの方向に動く場合を考えます。天秤AD、天秤AS、天秤ARの3つの場合を考えると、最初のADの場合は、物体はEFに沿って下降します。2番目のASの場合は、物体は斜面GHに沿って下降し、3番目のARの場合は、物体は斜面NTに沿って下降するとみなせます。

そして、この3つの場合の物体の速さをそれぞれ、

V(EF)、V(GH)、V(NT)

と表わすと、その速さは、

V(EF)>V(GH)>V(NT)

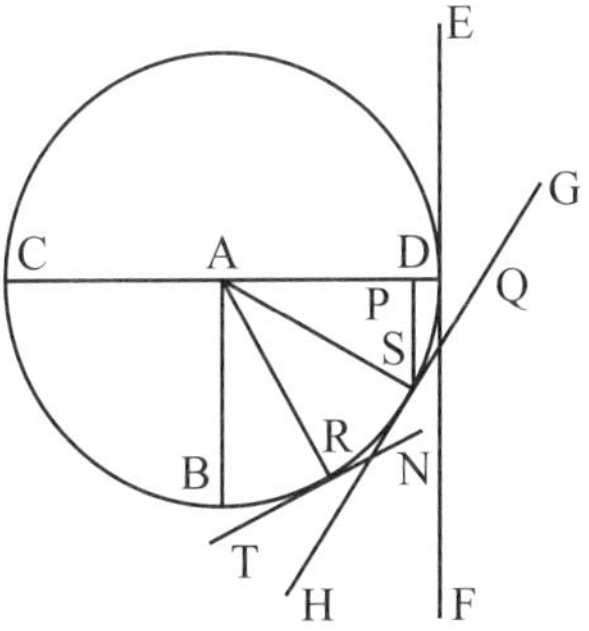

斜面の傾きが大きいほど、速度も速い

となることが導き出されます。したがって、斜面の傾斜が大きいほど、物体の速さも大きいことが証明されたことになるのです。

アルキメデスの天秤を発展させる

このように、ガリレオは天秤とそれにつるされた錘という静力学の範疇に属するものを用いているのですが、その「錘の下降」という新しい方向を打ち出していることがわかります。その意味で、前ページの図は「天秤の静力学が、斜面の動力学に転換されていく」というガリレオの最も創造的な局面を示す、象徴的なダイアグラムであると言えるでしょう。

さらにガリレオは著書『レ・メカニケ』（『機械学』）において、斜面上の物体の運動をさらに詳細に考察し、その研究は後に、

「第一法則　真空中では、自由落下するすべての物体は同じ速度で落下する」
「第二法則　自由落下は等加速度運動であり、落下速度は落下時間に比例し、落下距離は落下時間の2乗に比例する」

という「自由落下の法則」の発見へとつながっていきます。これはガリレオがピサの斜塔で落下実験をした（事実ではないとみられる）とされているものです。

ガリレオにとって、アルキメデスの天秤はその端緒となるものでした。

カヴァリエリこそ、アルキメデスの正統な後継者だ！

アルキメデス求積法の継承者・ケプラー

ガリレオと同時代人であるドイツの天文学者ヨハネス・ケプラー（1571〜1630）は、次に示すような「ケプラーの法則」によって、近代天文学の礎を築いたことでよく知られています。

第一法則（楕円軌道の法則）
惑星は、太陽を1つの焦点とする楕円軌道上を動く。

第二法則（面積速度一定の法則）
太陽と惑星とを結ぶ線分（動径）が一定時間に描く（掃く）面積は一定である。

第三法則（調和法則）

惑星の公転周期の2乗は、その惑星の太陽からの平均距離の3乗に比例する。

1599年、ケプラーは当代きっての大観測家ティコ・ブラーエ（1546〜1601）に招かれ、ティコが死んだ後は、その正確で膨大な資料をもとにしてケプラーの法則の発見を成し遂げました。

ケプラーは著書『ぶどう酒樽の立体幾何学』（第1部定理2）において、円の面積について述べています。そこでは次ページのような図が描かれています。

ケプラー

この図を見ると、「円の面積は、直角三角形ABCの面積に等しい」というアルキメデスの方法とまったく同じ発想法であることがわかります。

アルキメデスは円の無限分割に潜む危険性に対して非常に慎重な態度を取り（ギリシア哲学による影響）、

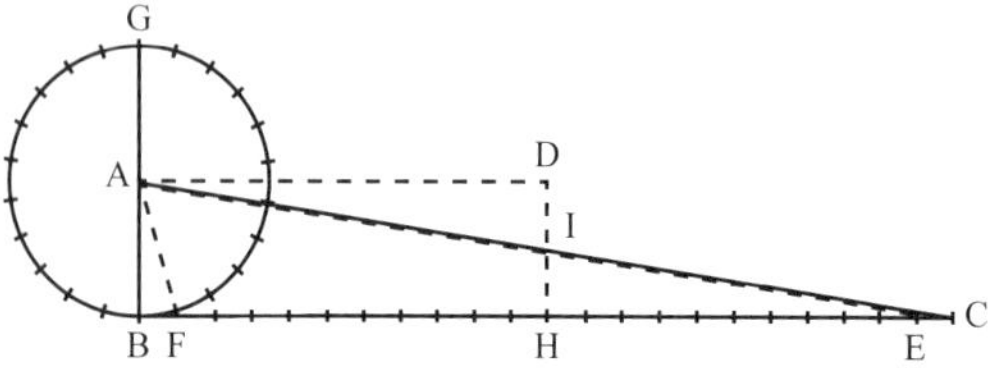

アルキメデスの三角形とウリ二つの「ケプラーの三角形」

この方法を晩年まで公表することはしませんでした。

ケプラーにはギリシア哲学の影響は薄く、上図を公表しています。この図を見ると、ひと目でわかるように、ケプラーはアルキメデスの求積法の正統な継承者と言えます。そして、ケプラーによって、近代求積法（微分・積分）の端緒が開かれたのです。

もうひとりのアルキメデスの継承者・カヴァリエリ

実はここにもうひとり、アルキメデスの求積法の後継者がいます。ガリレオの弟子であり、ガリレオを介してケプラーの影響を受けたイタリアの幾何学者カヴァリエリ（1598〜1647）でした。

カヴァリエリは面積や体積を分割して、それらの要素とも言える「面素」「体素」とでも呼ぶべきものにまで細分化し、そのような要素を「不可分量」と名づけ、これを基本概念として「不可分法」という、カヴァリエリ独特の求積法を創り出したのです。

面素とは文字通り、「面がつくられる素」（すなわち「線分」）のことであり、体素とは「立体がつくられる素」（すなわち「面」）のことを指しています。

ケプラーは与えられた図形をいったん「無限小図形に分割」し、もとの図形の面積・体積を求めるために、再びそれら「無限小図形の総和をとる」という方法を用いました。

これに対し、カヴァリエリは与えられた2つの図形の不可分量同士の間に1対1対応をつけることによって求積を進めていきました。

「もし、その対応する不可分量同士がある定まった比を持つならば、もとの2つの図形の面積・体積も同じ比を持つ」と考えたのです。そして、前もって一方の図形の面積・体積が知られていれば、他方の図形のそれも明らかになるわけです。このとき、その基礎となる原理こそ、「カヴァリエリの原理」です（次ページの図を参照）。

この原理は、カヴァリエリの主著のひとつである『不可分量の幾何学』（1635年）の第7巻定理1命

カヴァリエリ

カヴァリエリの原理——面積編

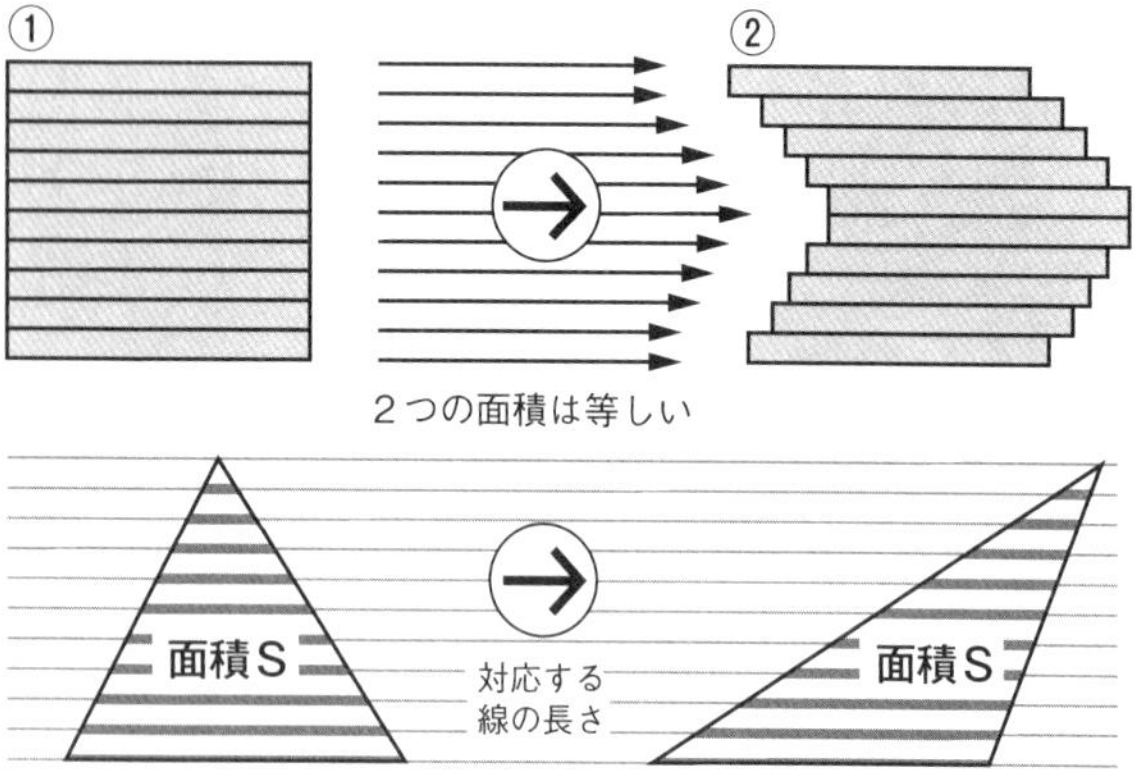

カヴァリエリの原理——体積編

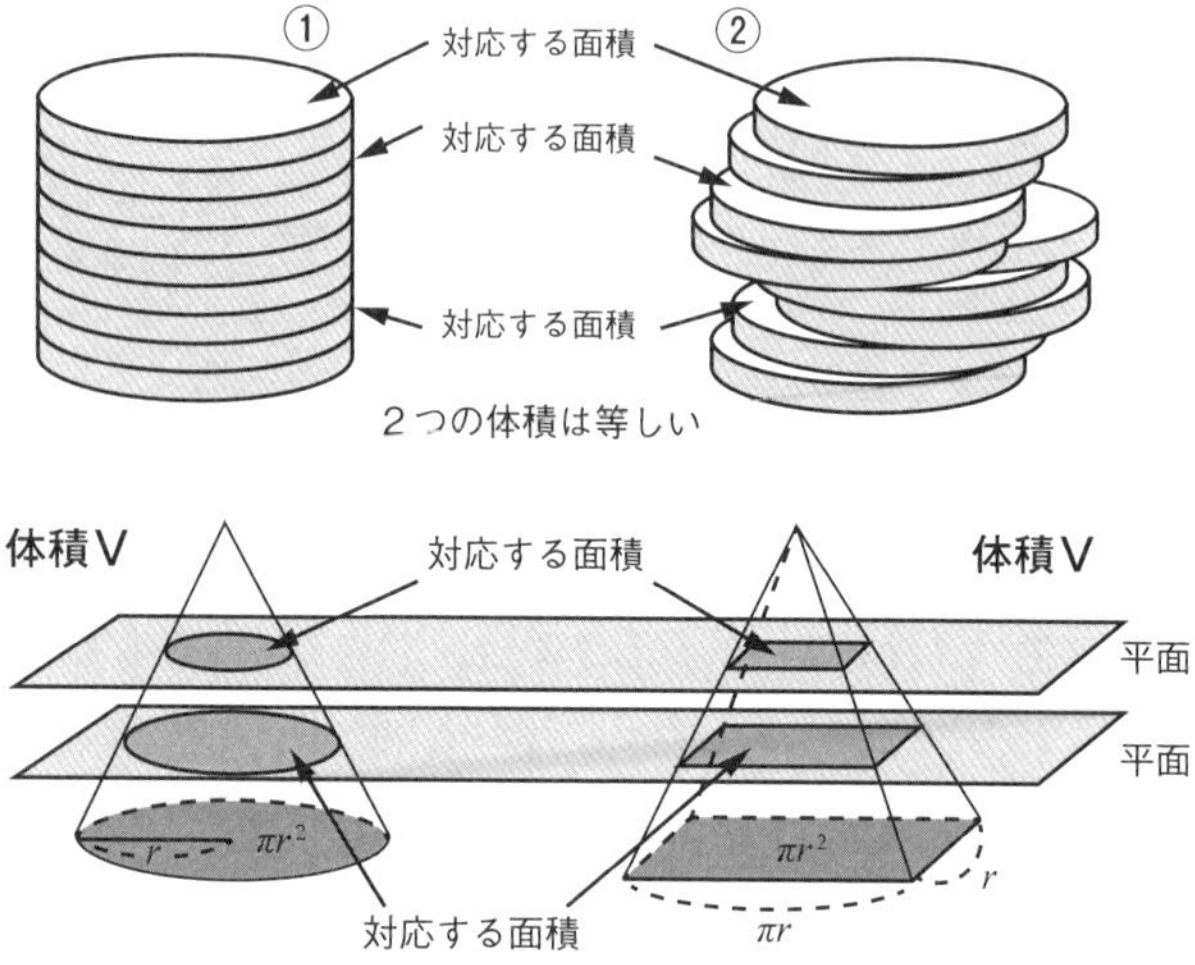

題1として、

「同じ平行線の間に作られた任意の平面図形は、もしその平行線から等距離のところで引かれた平面図形内の任意の直線部分が等しいならば互いに等しい。そして同じ平行平面の間に作られた任意の立体図形は、もしその平行平面から等距離のところに描かれた立体図形内の任意の平面部分が等しいならば互いに等しい」

と述べられ、面積、体積についてカヴァリエリの原理が成り立つことが示されています。

半球の体積をカヴァリエリの原理で

このカヴァリエリの原理を用いて、半球の体積を求めてみることにしましょう。

次ページ上図で、❶半径rの半球、❷その半球に外接する円柱（同図）、❸半径rの底面をもつ高さrの円錐（下図）の3つを下から任意の距離（h）のところで切断したとき、

カヴァリエリの原理から半球の体積を求めてみる

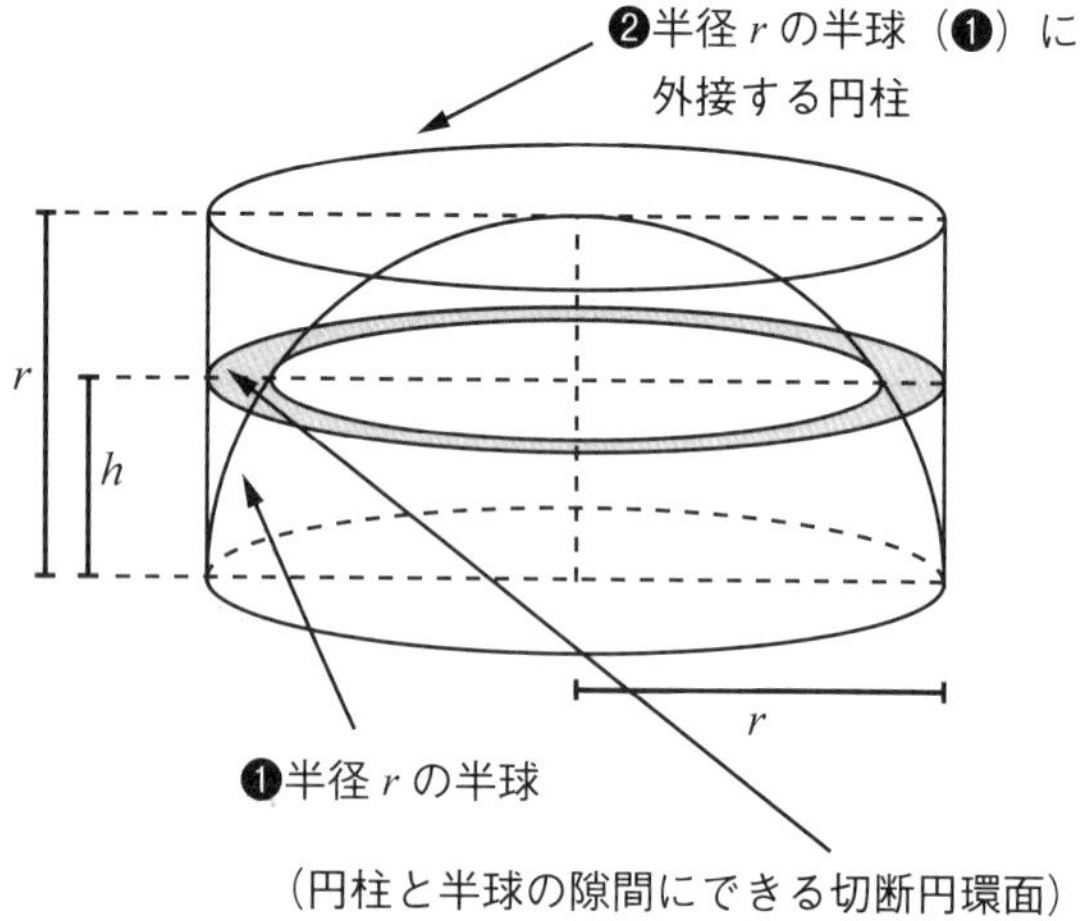

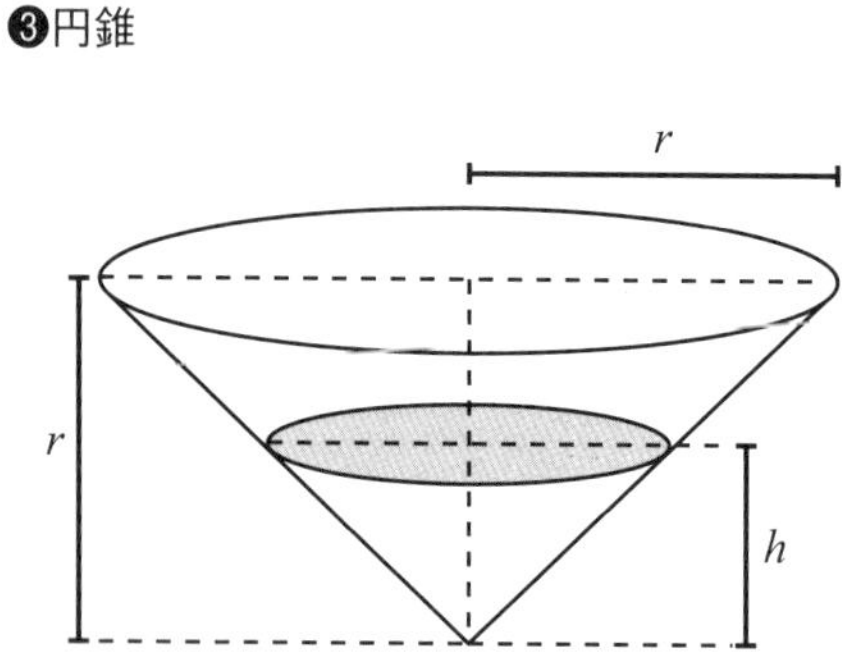

（円柱と半球の隙間にできる切断円環面）
＝（円柱の切断円❷）－（半球の切断円❶）
＝（円錐の切断円❸）

となることから、

（円柱の体積）－（半球の体積）＝（円錐の体積）

と結論されます。

ここで、半径r、半球の体積をVとすると、

$$\pi r^3 - V = \frac{1}{3}\pi r^3$$

となります。ここから、半球❶の体積Vは、

$$V = \frac{2}{3}\pi r^3$$

という結果が得られます。ここで円柱❷の体積、円錐❸の体積はそれぞれ、

円柱❷の体積　$V = \pi r^3$　円錐❸の体積　$V = \frac{1}{3}\pi r^3$

ですから、「円柱❷：半球❶：円錐❸」の体積比は「3：2：1」となります。

ここで「円柱：半球」の体積比は「3：2」ですが、円柱の高さを2倍にすれば半球ではなく、「球とそれに外接する円柱」となります。この場合でも、その外接円柱と球については、その体積比は同じく「円柱：球＝3：2」で変わりありません。しかも、この外接円柱の表面積（側面積と上下の円の面積の和）と球の表面積についても、

（円柱の表面積）：（球の表面積）＝3：2

という比になるのです。

アルキメデスは「円柱：球＝3：2」になることをとても気に入っていて、自分自身の墓にはこの円柱と球をデザインしてほしいと希望していました。このことは、次章でアルキメデスの墓のところで再度、出てくることになりますので覚えておいてください。

カヴァリエリの不可分法とアルキメデス

カヴァリエリの不可分法は、近代微積分学の形成史における最も初期に位置する積分法の端緒となったものです。

その後、この不可分法は、カヴァリエリの弟弟子で、ガリレオの死まで研究をともにしたトリチェルリ（1608〜1647、イタリア）をはじめ、パスカル（1623〜1662、フランス）、ウォリス（1616〜1703、イギリス）など数多くの継承者を得て、後に積分法が確立されるまでの間、「無限小幾何学」の主要な方法として、その役割を果たしたのです。

トリチェルリ

カヴァリエリは不可分量あるいは不可分量の全体ということについて、何らの定義も与えないままに、与えられた図形よりも1次元低い不可分量の全体として面積や体積を考えていましたが、これに対して、パスカルは面積を構成するのはそれと同次元の「無限小長方形」であるとして、その総和が与えられた図形の面積であると考えました。今日的な「無限小概念」のはじまりです。

ウォリス

パスカル

また、トリチェルリは「双曲面体のような無限にのびた立体が有限の体積をもつ」という、当時としては破天荒な発見を成しとげました。そして、ウォリスはカヴァリエリの「幾何学的方法」に対して、「算術・代数的方法」によって円の面積問題を解決しました。

これらカヴァリエリをはじめとする近代の数学者たちよりも1800年も前に、アルキメデスは「不可分量」の概念に近いものに接近していたのではないか、と思われるふしがあります。ただ、その頃にアルキメデスはローマ兵によって残念にも死を迎えてしまいました。

その死の直前に、アルキメデスはどんな着想を得て、何を考えていたのか。第5章では、再び、歴史を紀元前212年に巻き戻して推測してみることにしましょう。

第5章

アルキメデスが最後に解こうとしたもの

――スーパー数学兵器は何であったか？

シラクサの陥落

ローマの剣・マルケルスの包囲網

本章では、「アルキメデスの最後の研究テーマが何であったか」について、筆者の予想を含めて推測していきたいと思います。

そこで、アルキメデスの最期となるシーンを振り返っていきましょう。すでに述べてきたように、紀元前214年（第二次ポエニ戦争）にシラクサの城壁はローマ軍によって陸・海の両面から包囲され、猛攻撃を受けることになりますが、アルキメデスの強力な3つのミリタリー兵器によって、ローマ軍をはねのけ続けます。

しかし、紀元前212年、ついにマルケルス率いるローマ軍によってシラクサは敗北を喫してしまいます。この堅固な守りでかためられたシラクサの要塞は、どのようにして陥落し、都市国家シラクサはどのような最後を迎えたのでしょうか。

まず、ローマ軍はシラクサを包囲してから3年間ほど、アルキメデスの兵器の前に、なすすべもありませんでした。

そこで軍を二分して、一方は将軍アッピウス（アッピア街道の建設者アッピウスの孫とする説もあるが、不詳）を指揮官としてシラクサ包囲のために残します。

もう一方の軍を指揮したのが将軍マルケルスです。マルケルスは、カルタゴ支持に転じていたシチリア島のメガラ（シラクサの北方にある海岸の都市）などの征討に向かい、これらを攻略・平定します。こうしてマルケルスは再びシラクサの包囲陣に戻り、それと同時にアッピウスはローマに帰国します。

その後のあらましをプルタルコスは『英雄伝』の中で次のように述べています。

「そのうちに、シュラクサイから出航したスパルタ人のダミッポスなる者を捕らえたところ、シュラクサイ人は身代金を出してもいいから彼を返してくれと要求した。その件については何度も相談を重ねて事を落着させたが、その際マルケルスはある塔に注目した。その塔はあまり注意深く警備されておらず、しかも、そのすぐ脇の城壁に階段がついていたので、兵士たちをひそかにその塔の中に送り込むことができた。つまりマルケルスは、たびたびその塔の所へ行ってシュラクサイ人と相談する機会をとらえては、その高さを慎重に推定し、そして梯子を用意しておいて、シュラクサイの人々がアルテミスの祭りを祝い、酒と娯楽に浸るのを待ち構えて、気づかれずに塔を占領したうえに、夜が明けないうちに、城壁を兵士に包囲させておいてから、ヘクサピュラという門を打ち破って市内に侵入した」

（プルタルコス著／柳沼重剛訳『英雄伝　2』京都大学学術出版会、pp.420-421）

まるでトロイ戦争にも似た形でシラクサは落ちたようです。アルテミスの祭り（アルテミスはギリシア神話に登場する狩猟・貞潔の女神）で城壁の守りが手薄なときを見計らい、ヘクサピュラ門から入ってきたローマ軍によって、シラクサの一角は占領されることになります。

とはいっても、それでシラクサの全域がローマに陥落したわけではありませんでした。というのは、

「アクラディネという最も堅固で最も美しく、かつ最も広い地域は、ネアおよびテュケという地域ともども、別の城壁で囲まれた『外町』の側にあったので占領されなかった」

（プルタルコス著／柳沼重剛訳『英雄伝　2』京都大学学術出版会、p.421）

と言われているからです。シラクサは二重の城壁で囲まれ、このときは外郭だけが突破されたのです。

幸いなことに、我らのアルキメデスはこのとき、まだ占領されなかった地域（内郭）に住んでいました。しかし、内郭は狭く、ローマは補給路を絶つことでシラクサを苦しめ、飢餓のためにシラクサは講和を検討し始めます。プルタルコスは『英雄伝』で、シラクサの悲しい末路について語っています。

「その後いくらもたたぬうちに、この町の残りの地域も、裏切りによって陥落し、王の財宝のほかはことごとく、略奪されるがままになった」

（プルタルコス著／柳沼重剛訳『英雄伝　2』京都大学学術出版会、p.422）

講和を検討し始めたものの、モエリスカス（または、モエリクスス）というローマへの内通者が現れ、アレトゥーサの泉（33ページ左下のシラクサの市街地図を参照）近くにローマ軍を招き入れ、門を開き、ローマ軍が内郭に一気になだれ込んできました。こうして、多数のシラクサ市民が殺害され、生き残った者は奴隷として売り飛ばされたのです。紀元前212年のことでした。

アルキメデスの死に関する3つの異聞

シラクサ陥落の折、アルキメデスはローマ軍のひとりの兵士によって殺された、と伝えられています。アルキメデスの死については、プルタルコスの『英雄伝』がその様子を克明に描いています。

「しかしマルケルスを最も悲しませたのはアルキメデスの非運であった。彼は自宅で、図形を一心不乱に見つめながら思索にふけっていたので、ローマ軍が侵入したことも町が陥落したことも、気づかずにいた。そこへ突然一人の兵士が彼の傍らに立って、マルケルス閣下の所へついてこいと命じたが、彼はその問題を解いて証明を得ないうちは行こうとしなかった。するとその兵士は腹を立て、剣を抜くや彼を殺してしまった」

（プルタルコス著／柳沼重剛訳『英雄伝　2』京都大学学術出版会、pp.422-423）

この記録から考えると、マルケルスは「アルキメデスだけは助けろ」と命令していたことになります。しかし、不思議なことに、プルタルコスはアルキメデスの最期について、前述とは異なる2つの伝聞をも同時に紹介しています。

「別の人々の話では、ローマ兵ははじめから殺すつもりで、抜き身の剣を引っ提げて迫ってきた。アルキメデスは彼を見たが、求めている解答が得られぬまま行くのはいやだったので、しばしお待ち願いたいと言ったが、ローマ兵は何も考えずに殺してしまったのだという。三番目の話では、彼が自分の数学用の器械のうち、日時計と球と角度計――これらはわれわれの目に映る太陽の大きさを測る器械であった――をマルケルスの所へもっていく途中で、たまたま出会った兵士たちが、金を器に入れて運ん

「アルキメデスの死」エデゥアール・ヴィモン画

でいるのだと思って殺してしまった、ということになっている」

（プルタルコス著／柳沼重剛訳『英雄伝　2』京都大学学術出版会、p.423）

プルタルコスは、アルキメデスの死について3つの異なる話を記録していることになります。どの話が最も信憑性の高い話なのかについては、何も語っていません。

マルケルスは本当にアルキメデスを助けようとしたのか？

プルタルコスは1世紀後半から2世紀にかけての歴史家ですから、アルキメデスの死後300年を経た後での、ずっと後の記録ということになり、アルキメデスの最期が記述されている通りなのか、かなり怪しい面があります。

そもそも、「マルケルスはアルキメデスを助けるように部下に命じた」というのも、素直には頷けません。なぜなら、アルキメデスの兵器によって散々、部下が犠牲になってきたことや、城内になだれこんでからの略奪・殺戮などを考えると、うらみが大きかったと考えたほうが自然だからです。本当に、「アルキメデスを殺すな！」と命じたのであれば、殺した兵士の処遇が記載されていてもよいでしょう。

実は、日本では『英雄伝』と訳されていますが、本来のタイトルは『対比列伝』です。古代のギリシア、ローマの政治家、軍人などで似た者同士を2人セットで並べ、論じ、対比させていく形式を取っていました。

そこに名家のマルケルスを登場させ、ペロピダスと対比させた章で、アルキメデスにスポットをあてたにすぎません。つまり、アルキメデスが主人公ではなく、あくまでもマルケルスが主人公であり、マルケルスが実に心の広い人間であったことをPRするために「憎き敵をも助けようとした、マルケルスはなんと度量が大きい男だ」として書かれていることを忘れてはなりません。事実はおそらく、「殺せ」の命令が下されていた、と考えるのが素直な解釈だと思います。

おい、あんた、そこをどいてくれ！

アルキメデスの死に関する記述としては、12世紀のヨハンネス・チェチェーズの『歴史叢書』に次のようなものが見られます。

「……いずれにしてもローマ軍によって壊滅させられ、アルキメデスは一ローマ兵の手にかかって殺害されてしまったのである。そのとき彼は、前にかがみこんで何か機械に関する図形を描いていたが（傍線は筆者）、ローマ兵がこれを認めて捕虜にしようとして彼を引っぱった。ところが、彼のほうは図形にすっかり熱中していたので、引っぱっているのがだれかもわからずに、その男にこういったということである。「おい、あんた、わしの図形からどいてくれ」と。その男のほうはなおも引っぱったので、彼はぐるりっと振りかえるや、その男がローマ兵であることを認め、「わしのもっているこれらの機械は、ある人がわしにくれたものだ」と叫んだ。しかしローマ兵は気を荒だてて、たちどころに彼アルキメデスを――老いぼれ弱ってはいたけれども、その発揮するはたらきにかけてはダイモンのようにすばらしい人間を——斬り殺してしまったのである」

(三田博雄訳「アルキメデスの科学」世界の名著9『ギリシアの科学』田村松平責任編集、中央公論社所収、pp.386-387)

チェチェーズは12世紀(1110頃~1180頃)に生きた人物ですから、プルタルコスから見ても約千年後、アルキメデスから1300年以上たった時代の歴史家ということになり、アルキメデスの死にはプルタルコス以上に脚色が施され、事実誤認もあると考えられます。たとえば、チェチェーズはアルキメデスが「機械に関する図形を描いていた」(前ページの傍線部分)と述べています。

しかし、アルキメデスの晩年は、すでに述べてきたように、機械製作からは遠ざかっていたと考えるのが妥当です。とすれば、描いていた図形は鉤爪やアルキメディアン・スクリューなどの機械の設計ではなく、やはり数学に関する新しい定理、つまり、何らかの幾何学的定理に関するものであったと考えるほうが自然ではないでしょうか。

アルキメデスの墓とキケロの証言

墓石には「円柱と球形」が彫り込まれていたか？

アルキメデスの死を悼んだマルケルスは、アルキメデスのために墓を建てたのではないかとも言われています。しかし、これは非常に疑わしい話です。プルタルコス『英雄伝』の「マルケルス」の項には、アルキメデスの墓について、

「伝えられているところでは、彼は友人や親戚の人々に、自分が死んだら、墓に、球形を内接している円筒形を建て、内接している物体が内接されている物体よりどれだけ大きいか、その比率をそこに記してくれと言ったという」（傍線は筆者）

（プルタルコス著／柳沼重剛訳『英雄伝 2』京都大学学術出版会、p.420）

と記述されていますから、やはり墓は友人あるいは親族の者たちが建てたものと考えてよいでしょう。第４章の最後に、アルキメデスが「円柱：球＝３：２」となったことを気に入り、「お墓に刻んでほしい」と希望していたということに触れました。それがここに書かれていることなのです。

キケロ、アルキメデスの墓を発見する！

このアルキメデスの墓については、紀元前75年に、ローマの政治家であり、哲学者でもあったキケロ（紀元前１０６〜紀元前43）がシチリア財務官としてシラクサに赴いたとき、アルキメデスの墓を発見したことが知られています。

それはキケロ自身が「トゥスクルム荘対談集」（紀元前45年８月に執筆）の中で、次のようにくわしく報告しているからです。かなりの長文になりますが、アルキメデスの墓についてこれほど詳細に語っている記録はありませんので、少し引用してみます。

キケロ

「私は、財務官の折り、シュラークーサイの人々に知られていない彼の墓――シュラークーサイの人々は、その存在すら全否定していた――が、四方を茨《いばら》の茂みと藪に囲まれ、覆われたままになっているところを見つけ出したのだ。というのも、彼の墓石に刻まれていると聞いていた詩句を知っていたからである。その詩句は、墓のいちばん上に球と円柱が置かれていると言明していたのだ。

さて、私があたりをじっくり見まわしていると――アグラガース門にはおびただしい数の墓があるが――、藪からさほど離れていないところに柱があるのに気がついた。そこには、球と円柱の形をしたものがあった。そこで、私はただちにシュラークーサイの人々――その指導的立場の人々が私と一緒にいたのだ――に、これこそ私が探し求めているものだと言った。鎌をもった者が多数送り込まれ、その場所をきれいにして切り開いた。

そこへ近づくことができるようになったとき、われわれは目の前の土台に近づいた。下半分はすり減っていたが、墓碑銘の詩の半分ほどが見えてきた。したがって、かつては学問の中心でもあったギリシアのきわめて有名な都市が、もしもアルピーヌム出身の人間（キケロのこと：筆者）から知らされなかったら、自分たちの最も才能のある

市民の墓標を知らないままだったわけである」（傍線は筆者）
（キケロー著／木村健治・岩谷智訳「トゥスクルム荘対談集」『キケロー選集　12』岩波書店、pp. 318-320）

このことから、アルキメデスの墓はシラクサのアグリゲントゥム（アグラガース、アクラガース、アクラガース、アクラディナなどの表記もある）の町へ入る門（シラクサには要塞化された6つの門があった）の近くにあったものと考えられます。

そして、「アルキメデスの墓には図形が刻まれていた」と多くの本で書かれています。たとえば、佐藤徹は「前七五年にキケロが財務官としてシチリアに赴いたとき、見棄てられていたアルキメデスの墓を見つけたが、その墓石には図1（次ページ図1：筆者注）のような図形が刻まれていたという」（「解説　アルキメデスについて」『科学の名著9　アルキメデス』、朝日出版社所収）と述べています。

また『解読！ アルキメデス写本』（リヴィエル・ネッツ他／吉田晋治監訳、光文社）では、さらに単純化された図2（次ページ）のような図形が刻まれていただろうと推測しています。

それらは円柱とそれに内接する球を表わしている図形です。そして筆者も長い間、その

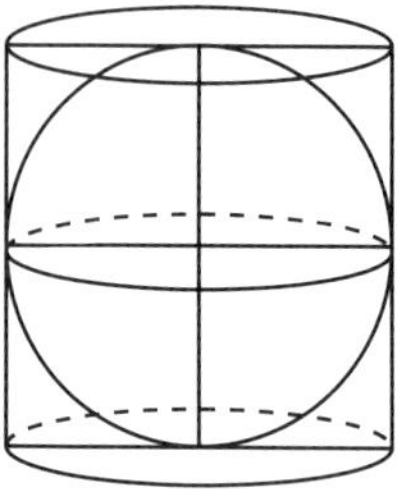

図１　円柱と、内接する球

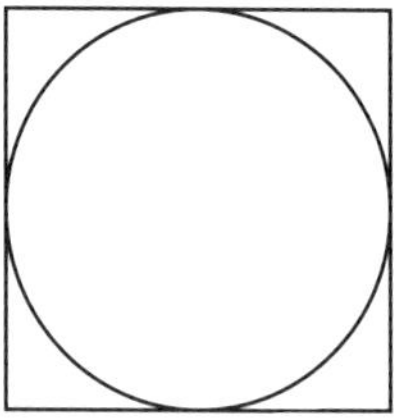

図２　単純化された図形

通りなのだろう、と信じていました。しかし、本当に「図形が刻まれていた」のでしょうか？

墓石に刻まれていたのは何か？

プルタルコスやキケロの証言からは「図形が墓石に刻まれていた」という意味の記述は何も見られません。プルタルコスは「墓の上に球と円筒を建てる」と言い、キケロは「土台の上に球と円柱の形をしたものがあった」と記述されています。

したがって、アルキメデスの墓は長方形の土台石があり、その上に球と円柱が並列して置かれていたか、あるいは円筒（円柱の中をくり抜いたもの）の中に、球が内接する形で置かれていたと理解するのが自然でしょう。

この「円柱と内接する球の体積」の比、および

「円柱と内接球の表面積」の比は、すでに第4章最後でも述べてきたように、いずれも「3：2」となります。これはアルキメデスが『球と円柱について』（第1巻）の命題34において証明した「球の体積、表面積はいずれもその外接円柱の3分の2である」ことを示すものです。

アルキメデスは、この研究結果をよほど気に入っていたに違いありません。そこで、そのことを記録に残すために、墓石に「3：2」と刻むことを遺言したのではないでしょうか。そうだとすると、墓石に刻まれたのは「図形」ではなく「数値」だったことになります。これは、前述したプルタルコスの証言とも一致します。

カヴァリエリはアルキメデスの『方法』を見たか？

『方法』命題14の「円柱切片の体積」の意義

第４章の最後に述べたように、アルキメデスはカヴァリエリの「不可分量」という概念に、カヴァリエリに先立つこと１８００年前に、かなり接近していたのではないか、と考えられる節があります。

不可分量とは、「面積や体積の要素」の意味でした。具体的には、面積を分割していったときの「線分」、あるいは体積を分割していったときの「面」のことです。その不可分量と、アルキメデス最晩年の著作『方法』の中の命題14が深く関係しています。

アルキメデスの『方法』では、第４章（１８７ページ）に示したように、命題12～命題15の４つの命題に関しては、いずれも「円柱切片の体積」について扱われていました。その内容は次のようなものです。

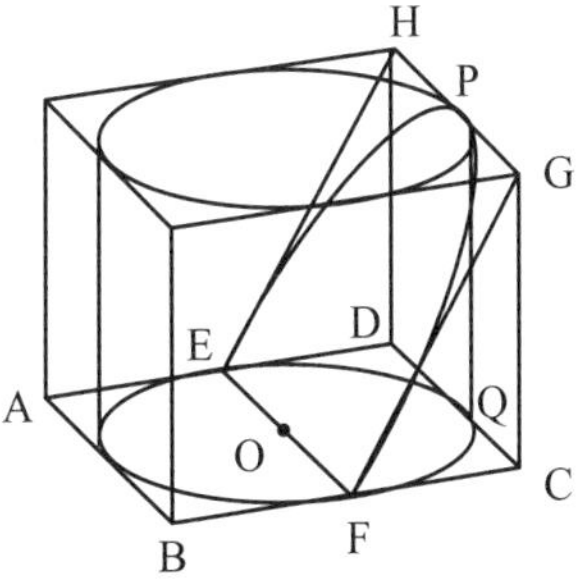

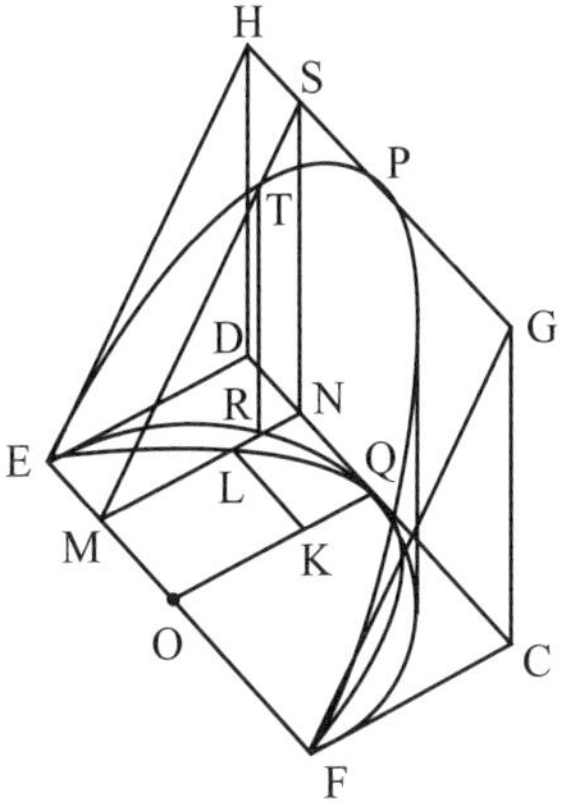

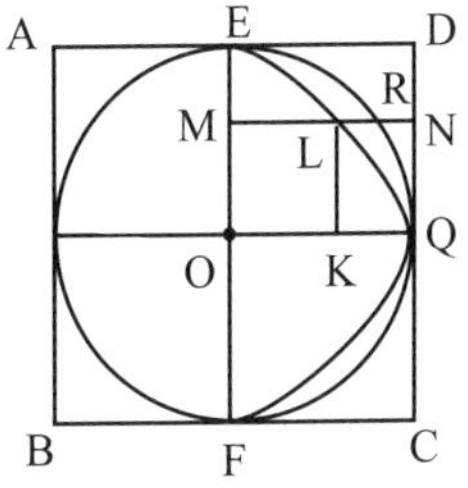

「図のように、正方形ＡＢＣＤを底面とする正角柱と、それに内接する円柱がある。底面の円の中心Ｏを含む斜めの平面ＥＦＧＨで円柱を切れば、円柱の切片ＰＥＦＱが得られる。この円柱切片の体積は正角柱の体積の$\frac{1}{6}$である」

アルキメデスは、この内容を命題12と命題13において、天秤の釣り合いを用いた方法で導き出しています。さらに命題15においては、別の方法、つまり背理法と取り尽くし法によって厳密に証明しています。

ここで特徴的に見られるのが、その間にある命題14です。命題14は天秤の釣り合いによって導いた（命題12〜命題13）のでもないし、背理法と取り尽くし法の併用による証明（命題15）でもないのです。

酷似するカヴァリエリとアルキメデスの手法

では、アルキメデスはどのような方法で証明したのでしょうか。その証明方法を次ページに示しました。

この証明では、立体の「断面積の比」を「線分の比」に対応させ、それら相互の比例関係によって求積が行なわれています。そして、

・線分によって、三角形や長方形が構成される
・面（面分）によって、三角柱や円柱切片が構成される

△MNSと△MRTは相似なので、その面積比は対応する辺の2乗に比例する。よって、

$$\triangle MNS : \triangle MRT = MN^2 : MR^2 \cdots\cdots ①$$

また、MN＝OQ＝ORより、三平方の定理から、

$$MN^2 = MO^2 + MR^2 \cdots\cdots ②$$

放物線の基本性質より、$LK^2 = MN \times NL$

そして、LK＝MOであり、

$$MN \times NL = MN^2 - MN \times ML$$

よって、$MO^2 = MN^2 - MN \times ML \cdots\cdots ③$

②と③より、

$$MN^2 = MN^2 - MN \times ML + MR^2$$

よって、$MR^2 = MN \times ML \cdots\cdots ④$

①と④より、

$$\triangle MNS : \triangle MRT = MN^2 : MR^2$$
$$= MN^2 : MN \times ML$$
$$= MN : ML$$

したがって、

(三角柱)：(円柱切片)

＝(長方形EFCD)：(放物線の切片)

＝3：2

よって、(円柱切片)＝2/3（三角柱）

そして、(三角柱)＝1/4（正角柱）であるから、

(円柱切片)＝1/6（正角柱）

となる。 (証明終)

という考え方が用いられています。ここにはカヴァリエリの不可分量の概念（不可分法）に近いものが見られます。

アルキメデスとカヴァリエリの概念が近いということは、後世のカヴァリエリが、アルキメデスの執筆した『方法』の存在を知っていたか、さらには読んだ可能性があるのかというと、可能性はゼロではないけれど、とても可能性の低いことです。なぜなら、アルキメデスの『方法』は東ローマ帝国の滅亡（1453年）でコンスタンティノープルが陥落する前からパリンプセストになって消え去っており、20世紀にハイベルクが発見するまでは知られていませんので、カヴァリエリが『方法』の現物を見ていたとは、とうてい思えないからです。

その意味では、カヴァリエリをアルキメデスの後継者と見ることはできても、「不可分量」に関して、アルキメデスをカヴァリエリの先駆者と位置づけるのは無理があります。やはり、「不可分量の概念はカヴァリエリ独自のものであった」と考えるべきだと、筆者は考えています。

『方法』の続編に構想された幻の立体

失われた「円柱交差体」の命題

『方法』はアルキメデス最晩年の著作です。その『方法』の最後に掲載されている命題（第4章187ページ参照）は、「円柱切片の体積」に関するもの（命題12～命題15）でした。

はたして、これが本当にアルキメデス最後のテーマだったのでしょうか。

実は、エラトステネスに送付した『方法』の序文には、重要なヒントが隠されています。それは、この円柱切片の体積（命題12～命題15）に関する命題を述べた後に、なんと、第二の定理として下記のような命題の証明を書き記してお送りする（第一の定理は円柱切片の体積に関する命題）と言明していることです。

「もし1つの立方体の中に1つの円柱が内接され、さらに同じ立方体の中に、互いに

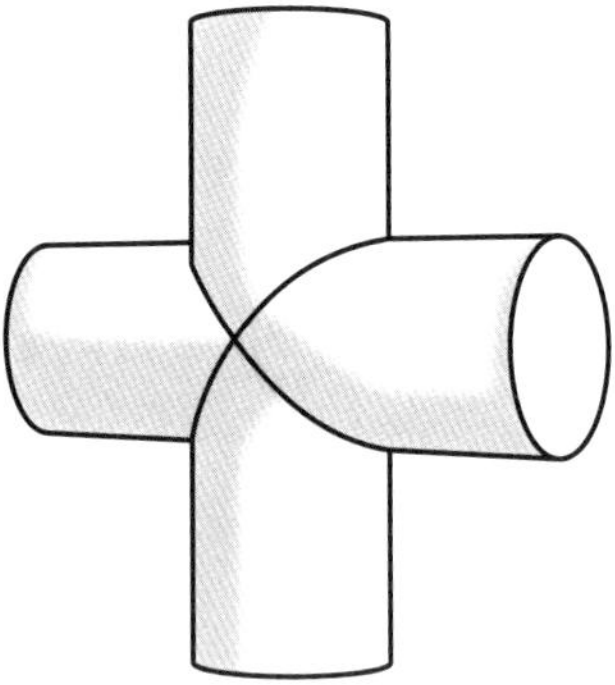

証明が失われた『方法』命題16（？）の立体「円柱交差体」

直交する別の第二の円柱が内接されると、この2つの円柱の交差したところに両円柱によって囲まれた立体ができるが、この立体の体積は立方体の体積の$\frac{2}{3}$である」

ところが、現在残されている『方法』には、そもそも命題15までしかありません（それも欠損部分が多い）。アルキメデス自身の『方法』における「序文」から想像すると、続く命題16以後に、上記の内容の証明があったものと考えられますが、残念ながら存在していません。おそらく、それらは失われてしまったものと考えられます。

とすれば、どのような内容であったのかは推測するしか方法はありません。

前記の命題で言われている立体とは、「2つの円柱が交差するところにできる立体」ですので、現在は「円柱交差体」と呼ばれているものです。

アルキメデスはおそらく、この円柱交差体の体積を求めるにあたって、前述した円柱切

片の求積に用いたのと同様の方法を適用したと思われます。そして、

$$（円柱交差体の体積）=\frac{2}{3}\times（立方体の体積）$$

という結果を導き出したのではないでしょうか。

死ぬ直前にアルキメデスが描いていた図形は何か？

さらに続く「最後の問題」は何でしょうか。つまり、「円柱交差体」の後に、はたしてどのような立体の求積に向かったのだろうか、アルキメデスに隠された最後の問題は何だったのかということです。

考えてみると、アルキメデスがローマ軍の兵士によって殺される直前に「何らかの図形を描いていた」とプルタルコスは述べていました。その図形が何であったのかはまったくわかりません。

けれども、ある程度の推測はできます。というのは、アルキメデスの最後の著作が『方法』であったとすれば、『方法』の命題16以後で扱ったはずの「円柱交差体の求積」の次に位置する「立体の求積」は何かと考えるのが、無理がないからです。「円柱交差体」の

延長上に位置する立体です。

その立体とは何であったのか。円柱交差体の次と考えると、たとえば「円錐が交差してできる立体」すなわち「円錐交差体」だったのではないでしょうか。

さらに、その次には、「直角円錐状体が交差してできる立体の求積」（直角円錐状体とは、放物線が軸のまわりに回転してできる立体、回転放物線体）とか、「球状体が交差してできる立体の求積」（球状体とは、楕円が軸のまわりに回転してできる立体、回転楕円体）なども考えられていたかもしれません。

『方法』の続編に構想された幻の立体
（円錐交差体）

もし、筆者の予想通りだったとすると、アルキメデスがシラクサ陥落の折にローマ軍の兵士によって殺される直前に地面に描いていた図形は、円錐交差体の体積を求めることに関連するような図形、という可能性が高くなります。

アルキメデスのスーパー数学兵器とは？

アルキメデスは『方法』において、放物線の切片がその切片内に切り取られた「線分」によって「満たされる」（命題14）とか、円柱と球と円錐が断面として切り取られた「円」によってそれぞれ「満たされる」（命題2）などの表現をしていました。そのことから、線分や円を、カヴァリエリの不可分量のごとくに扱っているようにも思われます。

そして、その求積法についても、「アルキメデスの兵器」とも呼ぶべき「天秤の釣り合い」ではなく、また「背理法＋取り尽くし法」による幾何学的証明でもない別の方法（カヴァリエリの不可分法に近い方法）を命題14で用いていました。

想像をたくましくすれば、こういうことが考えられるかもしれません。それは、アルキメデスがシラクサの地で最期を迎えようとしていた瞬間でさえ、自らの方法（機械学的方法）に加えて直観力を駆使し、さらに発展させた斬新な方法を創り出す、いわば「アルキメデス数学のスーパー兵器」とでも言うべき究極の新しい方法を発明しようと向かっていたのではないか、と。

そのスーパー兵器とは、現代の極限概念に基礎づけされた区分求積法の前身、つまり「直観的区分求積法」とでもいうべき方法ではなかったでしょうか。なにしろ、アルキメデスは並外れた直観力の持ち主であったのですから。

おわりに

筆者が『アルキメデスを読む』（日本評論社）を上梓《じょうし》したのは1999年でしたから、今から二十数年前になります。その当時の筆者の関心事はアルキメデスの数学、とりわけアルキメデス独特の求積法にありました。本書では「第二の兵器」として、そのあらましを紹介したところです。

現存しているアルキメデスの著作には、求積法以外に『螺線について』『平面板の平衡について』『砂粒を算えるもの』『浮体について』『牛の問題』など多数あります。また、現存していませんが、『機械学』『天秤について』『釣り合いについて』などの機械学（静力学）に関する著作があったとされています。

アルキメデスの生い立ちから考えて、もともとアルキメデスは機械学者としての道を歩みはじめたと言ってもよいでしょう。アルキメデスが幾何学（求積法）に取り組みはじめたのは40歳を過ぎてからと考えられています。

したがって、アルキメデスの機械学とはどんなものであったかは大いなる関心のあるところですが、アルキメデスの機械学的著作は失われて残存していませんから、後世の関連著作や伝聞などにたよらざるをえません。そして、ほとんどは推測になってしまいます。

アルキメデスの機械学的知識・技術が如実に現れたものは、何といってもローマ軍との戦いに使用された軍事兵器でしょう。本書ではアルキメデスの「第一の兵器」として、この軍事兵器のあらましを取り上げましたが、それは推測の域を出ません。しかし、傍証証拠を積み上げて、推測の蓋然《がいぜん》性を高めるよう努めました。あとは読者のお考え、判断にゆだねるしかありません。読者の皆さんの寛容な読み込みをお願いするばかりです。

最後になりましたが、本書の出版を勧めていただいた集英社インターナショナルと編集担当の薬師寺達郎さん、そして本書の執筆にあたってご援助いただいたサイエンスライターの畑中隆さんに心より感謝申し上げます。

上垣　渉

主要参考文献

・Ivor Thomas, *GREEK MATHEMATICAL WORKS* II, Loeb Classical Library
・T.L.Heath, *The Works of Archimedes*, Dover Publications
・キケロー著、岡道男訳「国家について」(『キケロー選集　8』岩波書店、1999年)
・プトレマイオス著、藪内清訳『アルマゲスト』恒星社厚生閣、1993年
・三田博雄訳「アルキメデスの科学」(世界の名著9『ギリシアの科学』田村松平責任編集、中央公論社、1972年)
・アテナイオス著、柳沼重剛訳『食卓の賢人たち　2』京都大学学術出版会、1998年
・ウィトルーウィウス著、森田慶一訳註『ウィトルーウィウス　建築書』東海大学出版会、1979年
・ポリュビオス著、城江良和訳『ポリュビオス　歴史　2』京都大学学術出版会、2007年
・プルタルコス著、柳沼重剛訳『英雄伝　2』京都大学学術出版会、2007年
・ユルギス・バルトルシャイティス著、谷川渥訳『バルトルシャイティス著作集　4　鏡』国書

刊行会、1994年
・マーク・ペンダーグラスト著、樋口幸子訳『鏡の歴史』河出書房新社、2007年
・キケロー著、木村健治・岩谷智訳「トゥスクルム荘対談集」（『キケロー選集　12』岩波書店、2002年）
・リヴィエル・ネッツ／ウィリアム・ノエル著、吉田晋治監訳『解読！アルキメデス写本』光文社、2008年

編集協力　畑中 隆
写真提供　ゲッティ・イメージズ（21ページ右、28ページ、57ページ、80ページ左）
図版作成　タナカデザイン

上垣　渉《うえがき　わたる》
三重大学名誉教授、全国珠算教育連盟学術顧問。一九四八年、兵庫県生まれ。神戸大学教育学部数学科を卒業し、東京学芸大学大学院修士課程を修了。単著に『アルキメデスを読む』『ギリシア数学の探訪』（共に日本評論社）、『はじめて読む数学の歴史』（角川ソフィア文庫）、共著に『数と図形の歴史70話』（日本評論社）、『「尋常小学算術」と多田北烏』（風間書房）などがある。

アルキメデスの驚異《きょうい》の発想法《はっそうほう》
数学《すうがく》と軍事《ぐんじ》
二〇二一年八月一一日　第一刷発行
インターナショナル新書〇七七

著者　上垣《うえがき》　渉《わたる》
発行者　岩瀬　朗
発行所　株式会社　集英社インターナショナル
〒一〇一-〇〇六四　東京都千代田区神田猿楽町一-五-一八
電話　〇三-五二一一-二六三〇
発売所　株式会社　集英社
〒一〇一-八〇五〇　東京都千代田区一ツ橋二-五-一〇
電話　〇三-三二三〇-六〇八〇（読者係）
〇三-三二三〇-六三九三（販売部）書店専用
装幀　アルビレオ
印刷所　大日本印刷株式会社
製本所　加藤製本株式会社

ISBN978-4-7976-8077-5　C0241
定価はカバーに表示してあります。

インターナショナル新書

078
カミュ伝
中条省平

コロナ禍において再び大きな話題を呼んだ『ペスト』の作者アルベール・カミュ。彼の波瀾に満ちた生涯と思想・哲学、『異邦人』などの代表作を徹底的に論じる。フランスを代表するノーベル賞作家の決定版評伝。

079
あなたを救う培養幹細胞治療
辻 晋作

次世代成長戦略のひとつとして実用化が促進され、身近な治療となりつつある再生医療。なかでも注目されているのが培養幹細胞治療だ。そのトップランナーが語る、再生医療の最前線と今後の展望。

080
DX時代に考えるシン・インターネット
村井 純
竹中直純

新創設、デジタル庁がやるべきことは? 「日本のインターネットの父」と「天才プログラマー」が、この国のデジタルの過去と未来、その「かたち」について語り尽くす。インターネットの未来はどっちだ!?

081
しごと放浪記
自分の仕事を見つけたい人のために
森まゆみ

編集者、地域雑誌『谷根千』発行人、書き手として今に至るフリーランスの日々。仕事の一本道、脇道、遠回りの道。思いがけない妊娠、出産、育児を抱え女の人生は割り切れない。切り開いてきた「しごと放浪」の道を自伝的に語る。